VSAGE
DV
COMPAS
DE
PROPORTION.

Par D. HENRION, *Mathem.*

A PARIS,

Chez MICHEL DANIEL, en l'Ifle du Pa-
lais, pres le Cheual blanc.

M. DC. XVIII.

AVEC PRIVILEGE DV ROT.

A MESSIRE
AMAVRRY GOVYON,
COMTE DE PLOVER,

FILS AISNÉ DE MESSIRE

AMAVRRY GOVYON, Marquis de
la Mouſſaye, Viſcomte de Tonque-
dec, Pommeric & du Iuch; Baron de
Marcé, Nogent, &c. Conſeiller du
Roy en ſes Conſeils d'Eſtat & Priué.

MONSEIGNEVR,

D'autant que vous ayant faict veoir cy-
deuant quelque eſchantillon de l'Vſage du

A ij

Compas de Proportion, vous y auez pris vn singulier plaisir & contentement; i'ay estimé que ce liuret, lequel contient tant la construction & fabrique dudict Compas, que toutes les plus belles & vtiles operations d'iceluy, ne vous seroit que tres-agreable, & le receuez volontiers de celuy qui demeurera à iamais,

MONSEIGNEVR,

Vostre tres-humble & tres-obeïssant seruiteur,

D. HENRION.

AV LECTEVR.

L y a cinq ans ou enuiron, que mettant en lumiere le premier volume de mes memoirs Mathematiques , ie traitté en iceluy de l'vsage du compas de proportion; mais fort brefuement, voire mesme sans rien dire de sa construction, en esperance que Monsieur Alleaume (par l'industrie duquel nous auons ledit compas) donneroit au public, tant l'vsage d'iceluy compas, qu'autres inuentions dignes de luy : mais voyant que les affaires, ausquelles le deub de sa charge d'ingenieur de sa Maiesté l'obligent, ne luy donnent le loisir de ce faire, pour satisfaire aux prieres de plusieurs de mes amis, & Gentils-hommes mes disciples, i'ay extraict de mesdits memoirs Mathem. & rapporté en ce liuret les plus vtiles & necessaires operations dudict compas de proportion, & icelles expliquees le plus clairement & intelligiblement qu'il m'a esté possible, afin que ceux à qui plaist ledict instrument trouuent plus aisément ce dont ils auront besoin: au prealable desquelles operations, i'ay mis la construction dudict compas. Or quand i'entrepris de faire cet extraict, mon dessein estoit d'y entremesler plusieurs demonstrations que i'estimois necessaires pour l'accomplissement & perfection de l'œuure : mais i'ay depuis esté dissuadé de ce faire, par la plus part de ceux à la priere desquels i'entreprends ce liuret, disant que les demonstrations, & plusieurs operations que i'y voulois auſſi mettre, plus curieuſes que neceſſaires, groſſiroient tellement ce liure, que ie ne ferois rien pour eux, veu qu'il leur ſeroit auſſi facile de trouuer ce qu'ils auroient beſoin en meſdits memoirs qu'en ce liure cy. Pour donc les contenter, i'ay ſeulement mis en ce liure la conſtruction & fabrique dudit compas de proportion, auec toutes les plus belles & vtiles operations d'iceluy, & ce purement & ſimplement, auec preceptes & exemples neceſſaires pour l'intelligence d'icelles, ſans aucunes demonſtrations: Ceux qui ſe delectent plus en la ſpeculatiue qu'en la pratique pourront veoir leſdites demonſtrations, tant en noſdits memoirs Mathematiques qu'en autres liures qui traictent dudict compas. Nous n'auons auſſi voulu groſſir ce liuret par la repetition de pluſieurs belles operations (mais neceſſaires à peu de perſonnes) qui ſont aſſez clairement enſeignées tant en noſtre traicté des triangles Spheriques; vſage des Globes, qu'en noſtre Coſmographie, laquelle (Dieu aydant) nous mettrons bien toſt en lumiere. Ie prie donc tous amateurs de ceſt inſtrument, prendre en bonne part ce liuret, de celuy qui ſera tres-aiſe, qu'vn autre faſſe mieux.

EXTRAICT DV PRIVILEGE
du Roy.

PAR grace & Priuilege du Roy, il eſt permis à D. Henrion Mathematicien, de faire imprimer par tel Imprimeur que bon luy
ſemblera, vn Liure intitulé *Vſage du Compas
de proportion*, & ce iuſques au terme de cinq
ans, finis & accomplis: à compter du iour que
ledit Liure ſera acheué d'imprimer : pendant
lequel temps deffences ſont faites à tous Im-
primeurs, Libraires, & autres perſonnes, de
quelque eſtat, qualité ou condition qu'ils
ſoient, d'imprimer ou faire imprimer, alterer
ny extraire aucune choſe dudit liure: d'ache-
pter, vendre, ny diſtribuer aucune induë im-
preſſion d'iceluy, ſur peine d'amende arbi-
traire, & confiſcation des liures & exemplai-
res d'iceux, qui ſe trouueront d'autre impreſ-
ſion que de celle qu'aura fait faire ledit Henrion. Voulant en outre ſa Majeſté, qu'en ap-
poſant au commeucement ou à la fin dudït
Liure vn extraict des preſentes, elles ſoient
tenuës pour bien notifiees & ſignifiees, non-
obſtant quelconque lettre au contraire: Car
tel eſt le plaiſir de ſa Majeſté. Donné à ſainct

Germain en Laye le dixneufiefme de Iuillet
mil fix cens dix-huict : & de noftre regne le
neufiefme.

Par le Roy en fon Confeil.

RENOVARD.

Ledict Henrion à faict tranfport du priuilege cy-deffus à Michel Daniel Libraire à
Paris par contract paffé pardeuant les Notai-
res foubs fignez le vingt-huictiefme Iuillet
mil fix cens dix-huict.

CHAVVIN.   PAISANT.

LES
PLVS BELLES ET VTILES
OPERATIONS
QVI SE PRATIQVENT
SVR LE COMPAS
DE PROPORTION.

AVANT que venir à la pratique defdites operations du compas de proportion, nous declarerons brefuement la maniere de conftruire & fabriquer ledit compas. Premierement il faut faire de leton ou autre matiere folide deux regles ABC, ADE, du tout égales, lefquelles foiēt tellement conjoinctes en A, auec vn cloud & chârniere, qu'elles fe puiffent libremēt & vniformément mouuoir à l'entour dudit cêtre A: en apres, fur le plan defdites regles du poinct A, foiēt menees les lignes droictes AF, AG, qui couppent BC, DE en deux égalemēt, ou en forte que châque partie foit égale à fa correfpondante : puis icelles AF, AG foient diuifees en 100. ou 200. parties égales, ou en tel autre nombre qu'on voudra : ce

A

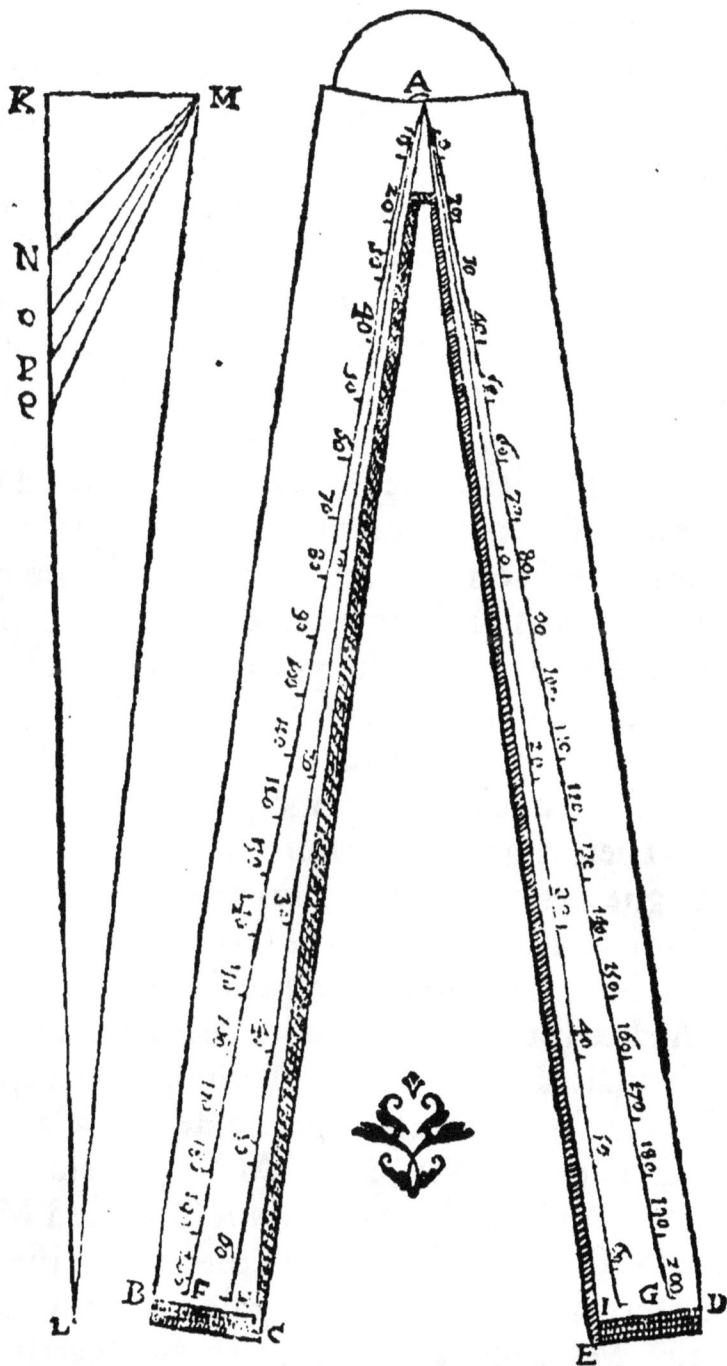

qui est si aisé à faire, qu'il n'est besoin d'en parler dauantage. Or ceste ligne ainsi diuisee s'appelle ordinairement ligne droicte , ou ligne des parties égales.

En apres, fur le mefme plan defdites regles, foient tirees les lignes droictes AH, AI, tellement qu'elles couppent BC, DE en parties égales, chacune à la fienne correfpondante : puis chacune d'icelle foit diuifee en tel nombre de parties égales qu'on voudra, felon que la grandeur de l'inftrument le permettra : Or celuy dont nous nous feruons, eft diuifé feulement en huict parties égales, à chafque poinct de laquelle diuifion font terminez les coftez homologues de huict figures planes femblables, ou pluftoft les nôbres quarrez 1, 4, 9, 16, 25, 36, 49, 64. Et quant aux poincts terminãs les coftez des autres quarrez d'être iceux, ils peuuẽt être trouuez par plufieurs manieres. Car premieremẽt on trouuera (côme il eft enfeigné, tant au 57. de nos problemes Geometriques, qu'au fcholie d'iceluy) le cofté du quarré (ou autre figure rectil.) double, triple, quadruple, &c. du premier quarré : & ainfi on aura tous les coftez des quarrez moyens d'entre les huict principaux fpecifiez cydeffus. Or cefte ligne ainfi diuifee s'appelle ordinairement ligne des plans, ou des fuperficies.

Les fufdits coftez des quarrez feront encore trouuez côme il enfuit. Soit prinfe vne ligne droicte KL, égale à AH, & fur l'extremité d'icelle foit efleuee vne perpendiculaire KM, égale au cofté du premier quarré, c'eft à dire à la huictiefme partie de AH, à laquelle foit auffi fait égale KN, & tiré MN, qui fera le cofté du fecond quarré : Et ayant pris KO, égale à MN, foit tiree MO, laquelle fera le cofté du troifiefme quarré : Derechef, foit prife KP égale à icelle MO, & ayant tiré MP, icelle fera le cofté du quatriefme quarré : Dauantage, foit prife KQ, égale à icelle MP ; puis tiré la ligne MQ, qui fera le cofté du cinquiefme quarré : Et prenant toufiours fur KL vne partie

égale à l'hypotenuſe du dernier triangle rectangle,
c'eſt à dire au coſté du dernier quarré trouué, on paruiendra finalement iuſques au coſté du ſoixante-
troiſieſme quarré.

On trouuera encore les coſtez deſdits quarrez
comme il enſuit. Soit poſé que le coſté du premier
quarré ſoit de 125. parties : donc le quarré d'iceluy
nombre ſera 15625. lequel quarré ſoit doublé, triplé,
quadruplé, &c. & la racine quarree de ce produit, ou
la plus prochaine, donnera le nombre des parties du
coſté du quarré double, triple, quadruple, &c. tellement que chaſque coſté ſera trouué d'enuiron 177,
217, 250, &c.

Maintenant pour appliquer iceux coſtez ainſi
trouuez en nombres ſur les lignes AH, AI, il eſt
beſoin d'auoir vne autre regle de leton, telle comme
il appert en la figure rectāgulaire ſuiuāte, la conſtruction de laquelle nous mettrons icy ſommairement,
auec quelque choſe de ſon vſage.

Premierement icelle regle doit eſtre de la longueur du Compas de proportion qu'on veut fabriquer, laquelle longueur ſoit diuiſee en dix parties
égales par lignes droictes paralleles : en apres, chacune des lignes AB, CD, de la partie ſuperieure, ſoit
diuiſce en dix parties égales, & tiré dix lignes droictes tranſuerſales, le tout comme il appert en ladicte
figure ſuiuante.

Finalement la largeur de ladite regle, (icelle largeur eſt à diſcretion) ſoit auſſi diuiſee en dix parties
égales, par lignes droictes paralleles. Quoy fait ladite regle ſera conſtruite & preparee, pour prendre
telles parties qu'on voudra, dont la toutte AE contient 1000. parties : Comme pour exemple, ſi on en
veut prendre 452, ce ſera l'interualle Ft, qui donne-

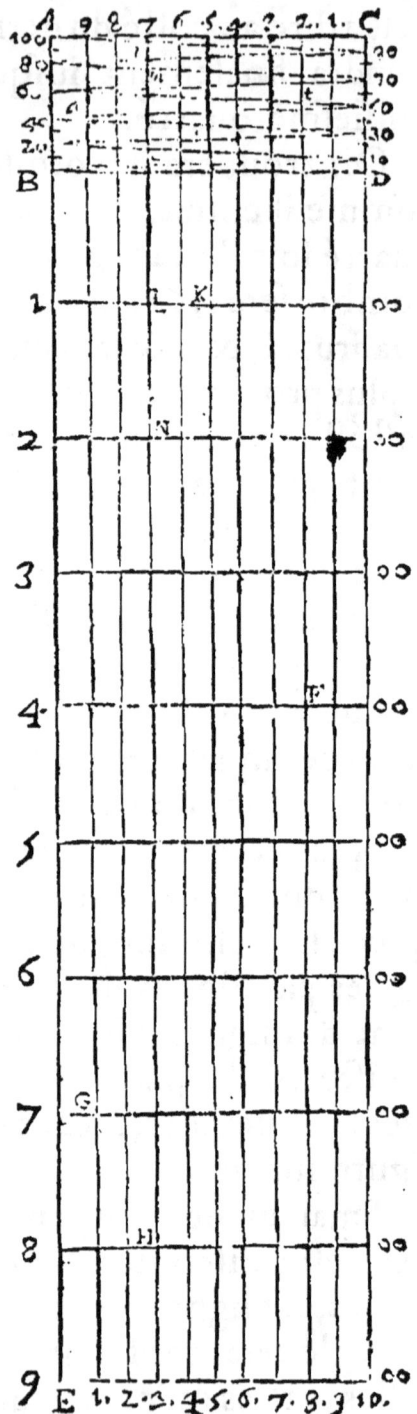

ra icelles parties : si 741, ce
sera la distance & interualle GA qui les donnera.
Parquoy ceste regle seruira principalement à appliquer sur le compas de proportion, tant la diuision de
la ligne des plans & super-
ficies, des corps solides, que
des cordes, comme nous
dirons icy.

Premieremēt donc vou-
lāt marquer sur ledit Cōpas
de proportion le premier
plan, c'est à dire le costé du
premier quarté, qui a esté
trouué cy-dessus de 125
parties, il faut prendre sur
icelle regle l'interualle Ke
(sinon qu'on ait ja marqué
les huict principaux plans,
comme dit a esté cy-de-
uant,) & le transporter sur
les lignes droictes AH &
AI ; & ainsi sera marqué le
costé du premier quarré.
Et pour marquer le costé
du second plan ou quarré,
qui vaut presque 177 par-
ties, il faut prendre ledit
nombre sur ladicte regle,
qui sera l'interualle ou distance LM, & la transpor-

ter sur chacune d'icelles lignes AH, AI ; & ainsi on

aura le cofté du fecond quarré. Pour le cofté du troifiefme, qui vaut 217 parties, il le faut auffi prendre
fur ladite regle, qui fera l'interuale No, & la tranf-
porter fur chacune defdites lignes AH, AI ; & ainfi
fera marqué ledit cofté du troifiefme plan : & en la
mefme maniere feront prins & marquez les coftez
de tous les autres quarrez: tellement que l'interualle
& diftance Hi, qui vaut 883, donnera le cofté du cin-
qnantiefme quarré.

Or voila quant aux deux diuifions, qui font mar-
queés & defignees fur la premiere face du Compas
de proportion, dont nous nous feruons ordinairement. Et quant à l'autre face, y font auffi marquees
deux diuifions, qui doiuent eftre conftruites comme
enfuit. Premierement, tout ainfi qu'en la face precedente foient tirees les lignes AF, AG, AH & AI:
Ce fait nous marquerons fur chacune d'icelles lignes
AF, AE les cordes & fubtendentes des arcs d'vn
demy cercle : ce qu'on peut faire en diuerfes manieres, deux defquelles nous mettrons icy. Pour la premiere maniere, foient cherchez en nombres lefdites
cordes comme il enfuit. D'autant que le finus droit
d'vn arc eft moitié de la fubtendante du double d'i-
celuy arc, fi on prend dans nos tables des Sinus, le
Sinus de la moitié de l'arc propofé, & on double iceluy finus, on aura la corde dudit arc propofé. Comme pour exemple, voulant fçauoir la corde de 50.
degrez, ie prend dans nofdites tables le Sinus de 25.
degrez, qui eft 42262, dont le double 84524. eft la
corde de 50. degrez. Et d'autant que le total Sinus de
nofdites tables eft 100000, & qu'il fuffit d'auoir lefdites cordes au refpect du diamettre de 1000, il faudra feulement retrancher les deux dernieres figures
vers dextre defdits finus trouuez, afin d'auoir lefdites

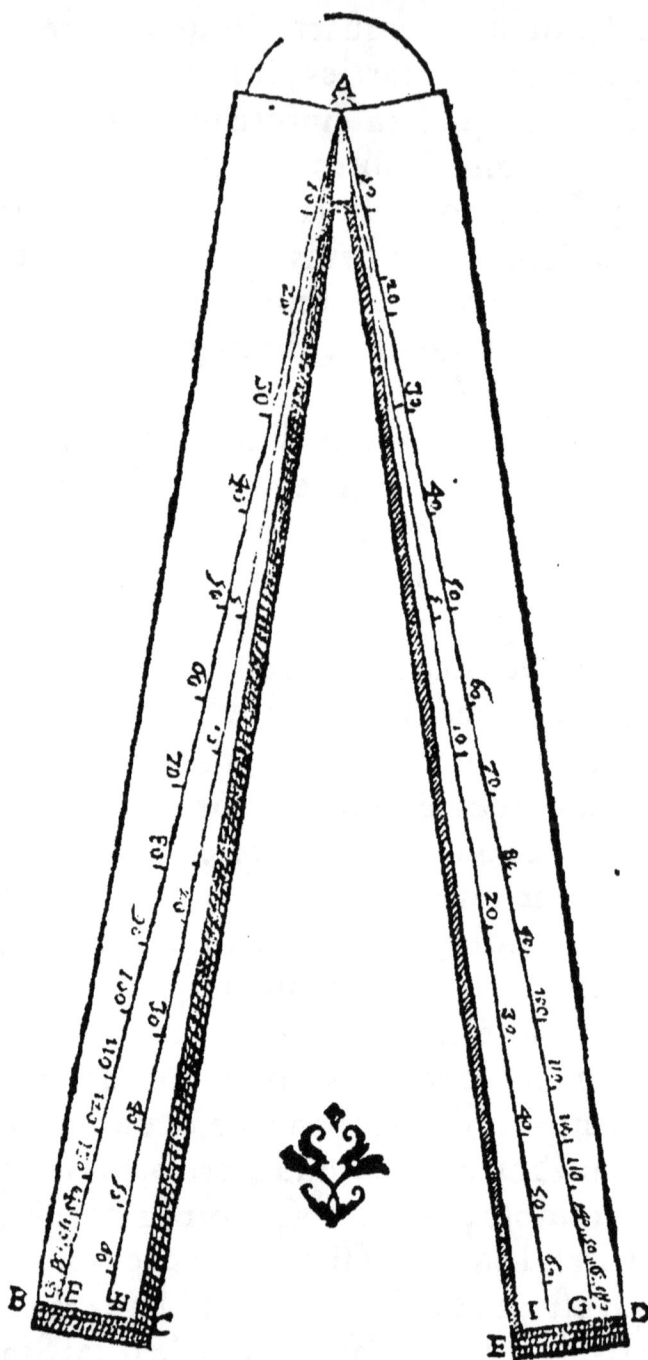

cordes au refpect dudit diamettre de 1000 : Mais eft
à obferuer que fi lefdites figures retranchees valent
plus de 50. qu'il faut adjoufter vne vnité pour icel-

les figures rejettees. Comme pour exemple, voulant
sçauoir la corde de 113. degrez, ie trouue dans nos-
dites tables que le sinus de la moitié d'iceux degrez,
(sçauoir est de 56. degrez 30. minuttes) est 83389: mais
reiettant les deux dernieres figures 89. restent 833, à
quoy i'adiouste l'vnité, à cause que 89. reiettees sont
plus de 50, & viennent 834, pour la corde desdits
113 degrez. Il faudra trouuer en la mesme maniere
la corde de tous les autres arcs, puis les transporter
sur les lignes AF, AG, par le moyen de la regle descrite cy-dessus.

Quant à la seconde maniere, elle est fort facile:
Car ayant descrit vn demy cercle sur quelque plati-
ne de leton ou autre matiere solide, & diuisé la circonference d'iceluy en 180 parties égales ou degrez,
& tiré les cordes d'iceux, il n'y a qu'à les transporter
sur chacune desdites lignes AF, AG, obseruant que
le diamettre du cercle duquel on se seruira, soit tou-
jours égal à l'vne d'icelles AF, AG, que nous appellons ligne des cordes ou subtendentes, & quelque-
fois ligne du cercle.

Ne reste donc plus à marquer sur nostredit Compas de proportion, que la diuision des lignes AH,
AI, que nous appellons ligne des solides, ou plustost
ligne des costez homologues de corps semblable:
Pour faire laquelle diuision nous mettrons icy deux
manieres. Pour la premiere, chacune d'icelles lignes
AH, AI, soient diuisees en tel nombre de parties égales que la grandeur du compas le permettra, comme
pour exemple, le nostre est diuisé en quatre, & par ce
moyen on aura les costez homologues des 1, 8, 27, &
64 corps semblables: & quant aux costez des autres
corps entremoyens, on les trouuera, comme nous
auons enseigné au 129 de nos problemes Geometriques.

Quant à l'autre maniere: Soit posé le costé du premier cube estre de 250 parties, (qui est le quart du nombre des parties esquelles nostre regle a esté diuisee.) Donc le cube d'iceluy nombre sera 15625000, qu'il faut doubler, tripler, quadrupler, &c. & de ce produit, tirer la racine cube, ou plus prochaine, laquelle donnera le costé du cube double, triple, quadruple, &c. & ainsi lesdits costez seront trouuez d'enuiron 322, 376, 400, &c. Ce faict, soient appliquez lesdits costez ainsi trouuez sur lesdites lignes AH, AI, par le moyen de la regle susdite.

Voila donc brefuement la maniere de construire & fabriquer le compas de proportion, dont nous nous seruons ordinairement, la figure duquel nous auons faict tailler en cuiure, selon toutes les proportions & mesures cy-dessus declarees, pour suppleer aux deffauts des figures precedentes, & donner tant plus d'intelligence des choses susdites. On pourroit encore addapter sur iceluy compas beaucoup d'autres lignes proportionnelles, mais l'embaras, & le peu d'vtilité d'icelles, fait que nous n'en parlerons à present, ains dirons seulement, que si on veut que ledit compas de proportion serue aussi à l'Altimetrie, il faut y appliquer des pinulles, tout ainsi qu'en tous autres instrumens, & auoir vn pied ou baston sur lequel on puisse poser & arrester ledit compas. Ces choses declarees, nous viendrons à expliquer l'vsage d'icelles.

Proposition 1.

Estant donnee vne ligne droicte, coupper telle partie qu'on voudra d'icelle.

PRenez la ligne donnee auec vn compas commun, & la portez au Compas de proportion, à l'ouuer-

ture d'vn nombre qui ait la partie requife, & ce à la
ligne droicte : Ce fait ledit Compas de proportion
demeurant ainfi ouuert, prenez l'ouuerture du nombre qui eft telle partie de celuy là, à l'ouuerture duquel aurez pofé ladite ligne propofee, que la partie
requife. Com-
me pour exem-
ple , voulant

A ————E—D—C———————F—G—————————B

coupper la quatriefme partie de la ligne AB, ie prend
icelle, & la porte à l'ouuerture de 200 : puis ie prends
l'ouuerture de 50. (qui eft ¼ de 200) & la tranfporte
fur ladite ligne donnee AB, & couppe d'icelle la partie AC, qui eft la quatriefme partie requife, voulant
auffi prendre la feptiefme partie de la mefme AB : ie
la porte à l'ouuerture du nombre 140; puis ie prends
l'ouuerture d'entre 20, laquelle ouuerture donne
AD, pour ⅐ de ladite ligne AB. Pareillement voulant
la dixfeptiefme partie de la mefme AB, ie la porte à
l'ouuerture d'entre 170 ; puis ie prends l'ouuerture
d'entre 10, laquelle donne AE, pour ladite dixfeptiefme partie requife : Et ainfi de quelconques autres
parties dont le denominateur n'eft plus grand que le
nombre des parties efquelles l'inftrument eft diuifé :
car de vouloir paffer outre ce nombre, & proceder
par fubdiuifions, il s'y rencontreroit fouuent plus
d'embaras & difficultez, que d'vtilitez.

Que fi on vouloit coupper plufieurs parties, com-
me pour exemple $\frac{71}{150}$, il faudroit porter ladite ligne
AB à l'ouuerture du denominateur 150, puis prendre
dre l'ouuerture du numerateur 71, laquelle portee
fur ladite AB, donnera AF pour lefdites parties re-
quifes. Voulant auffi auoir $\frac{107}{190}$, d'icelle AB, ie la porte
à l'ouuerture de 190 ; puis ie prends l'ouuerture de
107, laquelle donne AG pour lefdites $\frac{107}{190}$ parties re-
quifes.

Et eſt à noter, que ſi la ligne donnee eſtoit ſi
longue qu'elle ne peuſt eſtre priſe à vne ſeule
fois eſtant plus grande que le compas ; il la faudroit prendre à tant de fois qu'on voudra, &
rapporter les parties trouuees comme deſſus,
les vnes au bout des autres, commençant à l'v-
ne des extremitez de la toutte donnee : & la
ſomme de toutes leſdites parties trouuees, ſera
la partie requiſe à coupper de la toutte propoſee. Comme pour exemple, preſuppoſans que
la ligne A B eſt plus grande que le Compas, &
que d'icelle nous voulons coupper ⅗ partie : ie
prends d'icelle AB, vne partie AC à diſcretion,
laquelle ie trouue eſtre contenuë en la toutte
AB, trois fois, ſçauoir, AC, CD, DE, & reſte
encore EB : ayant donc porté l'vne d'icelles
trois parties à l'ouuerture de 180, ie prends
l'ouuerture de 20, laquelle ie transfere ſur ladite ligne donnee, & repetee trois fois (ou bien
prenant l'ouuerture de 60) donne AF pour ⅓ de
AE : ce fait ie prends auſſi le reſte EB, & le porte à l'ouuerture dudit nóbre 180, & l'ouuerture
de 20, donne FG pour ⅓ de EB : la partie AG ſera donc ⅓ de la toutte AB. Or cecy eſt auſſi enſeigné en la page 174 de nos memoires Mathematiques.

Prop. 2.

Eſtans donnees deux ou pluſieurs lignes droi-
ctes, l'vne deſquelles ſoit eſtimee contenir
aultant de parties égales qu'on voudra,
deſquelles toutesfois le nombre ne ſurpaſ-
ſe 200 ; trouuer combien de ces parties là

font contenuës en chacune des autres lignes donnees.

IL faut transferer la ligne dont la mesure est cogneuë sur le compas de proportion (du costé de la ligne droicte) à l'ouuerture du nombre des parties d'icelle, puis soit transferee chacune des autres lignes sur ledit compas ; & le nombre de l'ouuerture que chacune comprendra, sera le nombre des parties qu'elle contiendra. Comme pour exemple, soient

A ————————————— 54 ————————————— B
　　C ———————————————————————— D

deux lignes droictes AB, CD, desquelles AB est estimee contenir 54 toises, & il faut trouuer combien l'autre ligne CD en contient ; ie porte icelle AB à l'ouuerture de 54: puis ie prends CD, & le portant de nombre en nombre, ie trouue qu'elle conuient à l'ouuerture de 44 ; & partant icelle CD contient autant de toises, ou parties telles que AB en contiét 54.

Mais si la ligne dót les parties sont cogneuës estoit si grande qu'elle ne peust estre mise à l'ouuerture du nombre d'icelles parties, il la faudroit mettre à l'ouuerture de quelque autre nombre où lesdites parties soient contenuës: Comme pour exemple, si ladite ligne estoit estimee contenir 14 parties, il la faudroit mettre à l'ouuerture de 28: mais si elle estoit si grande qu'elle n'y peust encore estre mise, ie la mettrois sur 42 ; & si elle estoit encore trop grande, ie la mettrois sur 70, & ainsi consecutiuement selon sa grandeur : Ce faict, l'autre ligne soit transferee sur ledict Compas de proportion, & la moitié, tiers, ou quart, &c. du nombre auquel elle conuiendra, sera le nombre des parties, qu'elle contiendra, au respect de l'au-

xe dont la mefure eft cogneuë : Tellement que fi la
ligne AB, dont les parties font cogneuës , auoit efté
mife à l'ouuerture d'vn nombre triple de celuy des
parties d'icelle , (fçauoir eft fur 162) & que CD fut
trouuee contenir au nombre 131, on diroit qu'icelle
CD contient 44 (qui eft le tiers de 132) parties, telles que AB en contient 54.

Que fi ladite AB, dont les parties font cogneuës,
eftoit fi grande qu'elle ne peuft eftre mife à l'ouuerture d'aucuns nombres, tels que deffus eft dit, il faudroit prendre la moitié, tiers ou quart, &c. d'icelle,
& le transferer comme dit eft cy-deffus : & le compas
de proportion demeurant ainfi ouuert, foit cherché
comme deffus , à l'ouuerture de quel nombre conuiendra la partie de CD (correfpondante à la partie
prife de AB) & ledit nombre monftrera les parties
d'icelle CD : ou bien transferant la toutte CD, la
moitié, tiers ou quart, &c. du nombre à l'ouuerture
duquel elle conuiendra, fera les parties de la mefme
CD, la partie prife de AB ayant efté mife à l'ouuerture du mefme nombre des parties que la toutte AB
contient : car fi ladite partie de AB eftoit pofée à l'ouuerture d'vn nombre double , triple, quadruple, &c.
defdites parties de la toute AB, le quart, le neufiefme,
le feiziefme , &c , du nombre , à l'ouuerture duquel
conuiendroit la toutte CD, feroit le nombre des parties qu'elle contiendroit, pource que les denomina-
teurs de la partie de ladite ligne AB, & du nombre
fur lequel elle eft transferee, fe multipliët entr'eux :
Tellement que fi la moitié de ladicte ligne donnee
AB eft transferee à l'ouuerture du nombre 162, qui
eft le triple des parties d'icelle AB; la fixiefme partie
du nombre à l'ouuerture duquel conuiendroit la
toutte CD, feront ce que contient ladicte CD : car

⅔ & ¾ multipliees entr'eux produisent ⁶⁄₈.

Que si la ligne CD, dõt les parties sont incogneuës estoit si grande, que le compas estant ouuert de l'interualle de la ligne cogneuë AB, elle ne peust estre comprile en icelle ouuerture, il faudroit oster d'icelle CD, autant de fois que faire se pourroit la ligne cogneuë AB, & ce qui restera, estant transferé sur ledit compas, comme dit est cy-dessus, & les parties que ledit reste sera trouué contenir, estans adjoustez à celles ostees, on aura toutes les parties que ladicte CD contient.

Il est donc manifeste qu'estant requis vne ligne droicte, contenant certain nombre de parties, au regard d'vne autre ligne dont les parties sont cogneuës, qu'il n'y a qu'à poser ladite ligne cogneuë à l'ouuerture du nombre de ses parties, puis prendre l'ouuerture du nombre des parties de la ligne requise : tellement qu'il est tres-facile de rapporter sur le papier tous plans proposez, soit qu'on se serue de la mesme ligne droicte du compas pour eschelle, ou de quelconque autre ligne donnee, comme sera dit cy-apres.

Prop. 3.

A deux nombres donnez, en trouuer vn troisiesme proportionnel; & à trois, vn quatriesme, &c.

IL faut prendre sur la ligne droicte du compas de proportion la distance du centre d'iceluy iusques au second nombre donné, & la transferer à l'ouuerture du premier nombre; puis ledit compas demeurant ainsi ouuert, soit pris l'ouuerture dudit second nombre donné, & icelle ouuerture sera la quantité du troisiesme nombre proportionnel requis, laquelle quantité sera cogneuë, la transferant sur la jambe,

& mettant l'vne des poinctes du compas commun au centre:& où l'autre poincte ira tomber, sera monstré le nombre de ladite quantité; & l'ouuerture d'iceluy nombre sera la quantité du quatriesme nombre proportionnel, laquelle estant transferee sur la jambe, on cognoistra ledit nombre:& si d'iceluy on prend encore l'ouuerture, elle donnera le cinquiesme nombre proportionnel, &c. Pour exemple, soit proposé à trouuer vn troisiesme nombre proportionnel à ces deux 36.& 54: pour ce faire ie prend sur la jambe du compas de proportion la distance du centre d'iceluy à 54, & la porte à l'ouuerture de 36: puis ledit compas demeurant fixe, ie prends l'ouuerture de 54, laquelle ie porte sur la jambe,& trouue qu'elle vaut 81, & tel est le troisiesme nombre proportionnel requis : Que si ie prends l'ouuerture d'iceluy nombre 81, & la porte aussi sur la jambe, ie trouue enuiron 121 ½ pour le quatriéme nombre proportionnel : prenant encore l'ouuerture d'iceluy nombre 121½ & la portant sur la jambe, on trouuera enuiron 182¼, pour le cinquiesme nombre proportionnel,&c. Et est à noter, que si les nombres proposez, ou bien aucuns d'iceux, estoient si grands qu'ils ne peussent estre pris sur la jambe dudit compas de proportion; il faudroit prédre la moitié d'iceux, ou bien le tiers ou quart,&c. & auec icelles parties proceder côme dessus:& le nôbre trouué estant doublé, triplé, ou quadruplé,&c. baillera le nombre proportionnel requis : Toutesfois si de tous nombres donnez le premier & troisiesme n'estoient trop grands, ains seulemét le second, (soit qu'il passe 200, ou qu'il soit plus que le double du premier nombre) il faudroit seulement prendre la moitié, tiers, ou quart d'iceluy second nombre, & proceder comme dessus.

Comme pour exemple, fi on difoit, 70 donnent 210,
que donneront 45 : alors ie prendrois feulement fur
la jambe du compas la moitié de 210, fçauoir eft 105 :
& l'ayant mife à l'ouuerture de 70, ie prendrois l'ouuerture de 45, qui portee fur la jambe donneroit enuiron 67½, dont le double 135, fera le quatriefme nombre proportionnel requis. Pareillement fi quelqu'vn
difoit, lors qu'auec 400 ie gaigne 50, combien gai-
gneroient feulement 120 : Ayant mis le fecond nombre 50 à l'ouuerture de 200, ie prends l'ouuerture de
120, laquelle donne 30, dont la moitié 15, eft le gain
que donneroient 120, c'eft à dire le quatriefme nombre prop. aux trois donnez 400, 50, & 120. Et fi on
prenoit telle partie du troifiefme nombre 120, que
du premier 400, viendroit pareillement ledit quatriefme nombre requis. Et ainfi celuy qui prendra
garde à la nature des proportiós, fçaura operer beaucoup plus promptemēt & facilement qu'il ne feroit,
fans la confideration des effets d'icelles.

Cefte prop. eft contenuë és pages 13. & 150. de nofdits Memoires. Mais eft à noter, que fi vn quatriefme
nombre proportionnel eftoit requis en raifon inuer-
fe, il faudroit mettre le fecond nombre à l'ouuerture
du troifiefme, puis prendre l'ouuerture du premier.
Comme pour exemple, qui diroit, fi 60 hommes
peuuent en 45. heures faire vne certaine tranchee ou
foffé, en combien de temps 40 hommes le pourront-
ils faire. Il faudroit donc prendre 45. fur la jambe, &
les transferer à l'ouuerture du troifiefme nombre
40, puis prendre l'ouuerture du premier nombre 60,
laquelle portee fur la jambe donnera 67½ pour le
quatriefme nombre prop. requis ; c'eft à dire qu'en
l'efpace de 67 heures & demy, 40 hommes pourront
faire ce que 60 font en 45 heures.

Prop.

Prop. 4.

A deux lignes droictes donnees, en trouuer vne troisiesme proportionnelle; & à trois, vne quatriesme.

IL faut prendre la premiere ligne, & la porter au compas de proportion sur la ligne des parties égales, & à l'ouuerture du nombre où elle se terminera, soit mise la seconde ligne donnee: puis soit aussi portee icelle seconde ligne sur la jambe, & pris l'ouuerture du nombre où elle se terminera, laquelle donnera la troisiesme ligne proport. requise. Comme pour exemple, soient donnees les deux lignes droictes A, B, ausquelles il faille trouuer vne troisiesme proportionnelle. Ie prends donc la premiere ligne A, & la porte sur la jambe du compas de proportion, & trouue qu'elle se termine au nombre 12; ie prends la seconde ligne B, & la pose à l'ouuerture dudit nombre 12; puis ie la porte aussi sur la jambe, & trouuant qu'elle se termine au nombre 15, ie prends l'ouuerture d'iceluy nombre, laquelle donne la ligne droicte C, pour la troisiesme proportionnelle requise.

Que si à trois donnees, on desire la quatriesme, il faut poser comme dessus la seconde à l'ouuerture de la premiere, puis transferer la troisiesme sur la jambe, & l'ouuerture du nombre où elle se terminera, donnera la quatriesme requise. Comme pour exemple: Soient donnees les trois lignes droictes A, B, C, ausquelles il faille trouuer vne quatriesme proportionnelle. Ie prends donc la premiere

A B C

A B C D

B

ligne A , & la porte fur la jambe du compas de proportion, & trouue qu'elle fe termine au nombre 40;
à l'ouuerture duquel ie pofe la feconde ligne B : puis
ie transfere auffi fur la jambe la troifiefme ligne C,
& trouuant qu'elle fe termine au nombre 35 , ie
prends l'ouuerture d'iceluy nombre, laquelle donne
la ligne D pour la quatriefme proportionnelle requife.

Et eft à noter que fi les lignes propofees, ou aucune d'icelles, eftoient fi grandes, qu'elles ne peuffent
eftre transferees fur ledit compas de proportion, il
faudroit prendre les moities de toutes icelles, ou bien
le tiers ou quart , & auec icelles parties , proceder
comme deffus, & la trouuee eftant doublee, ou tri-
plee, ou quadruplee, felon la partie prife, on aura la
troifiefme, ou quatriefme proportionnelle cherchee.
Cefte propofition eft és pages 174. & 175. de nos Memoires.

Prop. 5.

Ouurir le compas de proportion d'vn angle de tant
de degrez qu'on voudra.

POur ce faire, foit pris audit compas de proportion fur la ligne des cordes, la diftance du centre
d'iceluy iufques au nombre des degrez propofez, &
icelle eftant portee à l'ouuerture de 60 degrez, le
compas fera ouuert de l'angle requis. Comme pour
exemple, voulant ouurir ledit compas de proportion
d'vn angle de 50 degrez; ie prends fur la ligne des cordes la diftance du centre iufques au nombre 50, &
la porte à l'ouuerture de 60 degrez : quoy faict, le
compas de prop. eft ouuert de 50 degrez ainfi qu'il
eftoit requis. Cecy eft tiré de la page 37 de nofdits
Memoirs.

Prop. 6.

Le compas de proportion eſtant ouuert ; trouuer les degrez de ſon ouuerture.

CEſte propoſition eſt la conuerſe de la precedente ; c'eſt pourquoy il faut ſeulement prendre l'ouuerture de 60 degrez, & la porter ſur la jambe à ladite ligne des cordes, & le nombre où ceſte diſtance s'ira terminer, monſtrera les degrez de l'angle dont eſt ouuert le compas. Cecy eſt en la page 37 de noſdits Memoirs.

Prop. 7.

Sur vne ligne droicte donnee, faire vn angle rectiligne de tant de degrez qu'on voudra.

POur ce faire, ſoit deſcrit ſur la ligne donnee vn arc de cercle, ayant pour centre le poinct auquel on deſire que l'angle ſoit conſtruit; puis ſoit porté le ſemidiametre d'iceluy arc à l'ouuerture de la corde de 60 degrez; ce faict ſoit pris l'ouuerture du nôbre des degrez de l'angle requis, laquelle ſoit poſee ſur l'arc deſcrit, & par où elle ſe terminera ſoit tiré du centre vne ligne droicte, laquelle fera auec la donnee vn angle tel qu'il eſtoit requis. Exemple : Soit la ligne droicte donnee AB, ſur laquelle & au poinct A, il faut faire vn angle de 45 degrez. Du centre A & de quelconque interuale AC, ie deſcris vn arc de cercle CD; puis ie porte le demy-diametre d'iceluy arc à l'ouuerture de 60 degrez,& prends l'ouuerture des 45 degrez propoſez, laquelle ie poſe ſur l'arc deſcrit CD,& icelle ſe va terminer au poinct E, par lequel, du centre A, ie tire la ligne droicte AE,

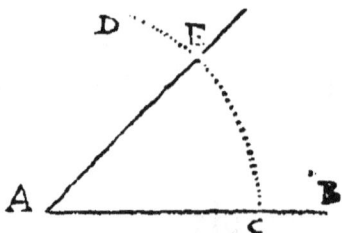

qui faict auec la ligne donnee AB, l'angle rectiligne
CAE de 45 degrez comme il estoit requis. Ceste proposition, comme aussi les deux suiuantes, sont en la
page 172 de nos Memoirs.

Or estant proposé à rapporter sur le papier vne
place & figure dont les angles & costez sont cogneus,
il sera facile de ce faire, rapportant tous les angles de
ladicte figure, comme il est icy dit : Comme pour
exemple, supposé qu'ayant obserué les angles & costez d'vne telle place
que celle-cy ABCD,
nous la voulions re-
duire au petit pied, la
rapportant sur le pa-
pier, le costé AB estãt
de 25 toiles, BC de 30,
CD de 17, & DA de
34 ; mais l'angle A de 85 degrez, B de 76, C de 124, &
D de 75. Pour donc reduire ce plan au petit pied, ie
tire premierement vne ligne indeterminee, laquelle
ie veux faire homologue au costé AD, c'est pourquoy ie prends sur la jambe & ligne droicte du compas de proportion la grandeur dudit costé AD, sçauoir est 34 parties, & les porte sur ladite ligne tirée
indeterminément, & marque sur icelle EF, homologue à AD ; puis au poinct E, ie fais l'angle FEG égal à
l'angle A, sçauoir est de 85 degrez, & faict la ligne
EG, d'autant de parties de celles du compas, que AB
est proposée contenir de toises, sçauoir est de 25 : puis
au poinct G, ie fais l'angle EGH égal à l'angle B, sçauoir est de 76.d.& donne à la ligne GH 30 parties du
compas de proportion, autant que BC est proposé
contenir de toises : & puis qu'il n'y a plus qu'vn costé
à tirer, sçauoir est l'homologue à CD, ie tire seule-

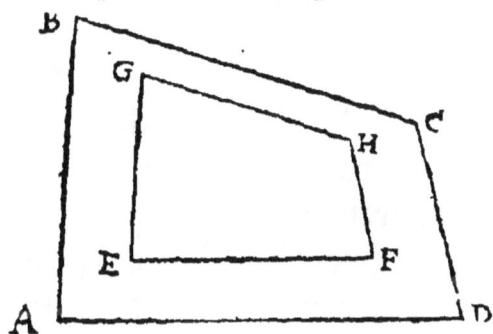

ment de F à H, la ligne FH, laquelle se doit trouuer
de 17 parties du compas, autant que ledit costé CD
contient de toises; & aussi les angles F & H, égaux
aux angles D & C, autrement le rapport ne seroit
bien & exactement faict.

Prop. 8.

Estant donné vn angle rectiligne, ouurir le com-
pas de proportion d'vn angle égal à iceluy.

IL faut faire vn arc de cercle sur ledit angle donné, & transferer sur la jambe du compas de proportion le semidiametre dudit arc, & noter le poinct
où il se terminera, & à l'ouuerture d'iceluy poinct,
soit posé la grandeur dudit arc : ce faict ledit compas de proportion sera ouuert d'vn angle égal au
donné. Exemple : Soit vn angle rectiligne donné
ABC; & il faut ouurir le compas de proportion d'vn
angle égal à iceluy. Du cen-
tre A & de quelconque in-
terualle BD soit descrit l'arc
DE, & porté le semidiame-
tre BD sur la jambe du compas de prop. lequel se termi-
nant au nombre 50, soit faict
l'ouuerture d'iceluy nombre de l'interualle & grandeur de l'arc DE, & ledit compas sera ouuert d'vn
angle égal au donné ABC. Mais est à noter que si on
prend sur la jambe du cópas le semidiametre de l'arc
qu'on veut descrire, il n'y aura puis-apres qu'à transferer la corde dudit arc à l'ouuerture du nombre ter-
minant ledict semidiametre; ce qui sera plus certain
que par la maniere cy-dessus, à cause des fractions
qui peuuent arriuer au semidiametre.

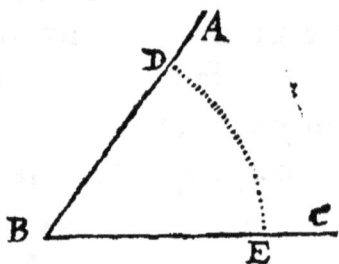

B iij

Prop. 9.

Eſtant donné vn angle rectiligne, trouuer combien
il contient de degrez.

IL faut faire vn arc de cercle à iceluy angle ; le ſemidiametre duquel arc eſtant porté à l'ouuerture
de 60 degrez, ſoit pris ledit arc, & porté le long de
l'vne & l'autre jambe du compas, iuſques à ce qu'on
trouue qu'il faſſe l'ouuerture d'entre deux poincts
ou degrez égalemens diſtans du centre, qui ſeront
les degrez de l'angle propoſé. Comme pour exemple;ſoit vn angle rectiligne ABC, la quantité des degrez duquel il faut trouuer.
Du poinct B comme centre,
& de quelconque interualle
BE ſoit deſcrit l'arc DE; puis
ſoit ouuert le compas de proportion, en ſorte que l'ouuerture de 60 degrez ſoit le ſe-
midiametre BE; ce faict ſoit pris l'arc DE, & iceluy
eſtant porté au long de l'vne & l'autre jambe, ſera
trouué qu'il conuient à l'ouuerture de 54 degrez:
d'autant de degrez eſt donc l'angle propoſé ABC.

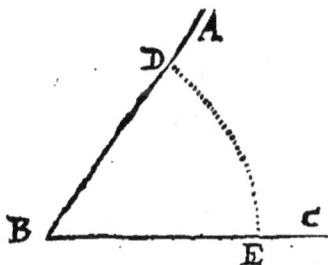

Si les lignes comprenant l'angle eſtoient de telle
grandeur qu'on puiſſe faire le ſemidiametre BD de
la grandeur du demy diametre du compas , l'opera-
tion en ſeroit beaucoup plus prompte & facile, car
il n'y auroit qu'à transferer la grandeur ou corde de
l'arc DE,ſur la jambe dudit compas, & ſeroit monſtré le nombre des degrez dudit arc.

Que ſi on veut ouurir le compas de prop. d'vn
angle égal au donné, comme il a eſté dict à la precedente propoſition, l'ouuerture de 60 degrez donnera les degrez dudit angle.

Prop. 10.

Eſtant cogneu vn angle , trouuer le ſinus d'iceluy.

LE ſinus requis ſera droict, ou verſe; l'vn & l'autre deſquels on peut trouuer en diuerſes manieres, l'vne deſquelles ſeulement nous mettrons icy, delaiſſant les autres à cauſe qu'elles n'approchent de la facilité de celle-cy. Pour donc trouuer le ſinus droict d'vn angle de tant de degrez qu'on voudra , ſoit pris ſur la jambe du compas de prop. la corde du double des degrez dudit angle propoſé, laquelle portee ſur la ligne droicte monſtrera la valeur du ſinus requis au reſpect du ſinus total 200. Ainſi le ſinus de 42 degrez, ſera la corde de 84: & celuy de 57 ſera 114: & ceſte corde eſtant priſe & portee ſur la ligne des parties égales, ſera trouué enuiron 167 $\frac{1}{2}$, pour la valeur dudit ſinus de 57 degrez. Et eſt à noter que quand l'angle propoſé eſt obtus, qu'il faut prendre au lieu d'iceluy ſon complement de demy cercle. Ceſte prop. eſt és pages 38, & 39 de nos Memoirs.

Il appert donc qu'eſtant donné vn ſinus ; ſi on le transfere ſur la ligne des cordes, la moitié du nombre des degrez où il ſe terminera, monſtrera bien les degrez dudit ſinus, mais non-pas l'angle, ſi on ne ſçait l'eſpece d'iceluy angle.

Mais pour trouuer le ſinus verſe d'vn angle cogneu, il faut diſtinguer s'il eſt aigu ou obtus : S'il eſt aigu, oſtez le ſinus droict de ſon complement du ſinus total, & reſtera le ſinus verſe dudit angle propoſé, c'eſt à dire, que ſi on double le complément dudit angle propoſé, la diſtãce du nombre d'iceluy double, iuſques au dernier poinct du cõpas ſera le ſinus verſe requis : ou bien doublez le nõbre des degrez propoſez, & cõptez ce double contre l'ordre des nombres,

c'eſt à dire à cõmencer au dernier poinct qui eſt 180
degrez,& iceluy double s'ira terminer au nõbre double du ſuplément ſuſdit; tellement que ceſte diſtance du dernier poinct audit nombre double du ſuplément,ſera le ſinus verſe, lequel eſtant transferé ſur la
ligne des parties égales, on verra la valeur & quantité d'iceluy. Ainſi ie dis que le ſinus verſe de 42 degrez, eſt la diſtance de 96 degrez iuſques au dernier
poinct 180:& celuy de 57 degrez; la diſtance depuis
le nombre 66,iuſques à 180: laquelle diſtance eſtant
transferee ſur la ligne des parties égales, donne peu
plus de 91. pour ledit ſinus verſe de 57 degrez.Que ſi
l'angle donné eſtoit obtus,adjouſtez le ſinus du complément d'iceluy au ſinus total , & vous aurez le ſinus verſe requis. Ainſi pour auoir le ſinus verſe d'vn
angle de 100 degrez, il n'y a qu'à adjouſter la corde
de 20 degrez aux 180 degrez de l'autre jambe, ou-
urant le compas de prop. en ſorte que les lignes deſdites cordes ne faſſent angle au cẽtre; ou bien trans-
ferez ſur la ligne droicte ladite corde de 20 degrez &
ſera trouué pour la valeur d icelle enuiron 35,qui adjouſtez au ſinus total 200, on aura 235 pour la valeur
& quantité du ſinus verſe dudit angle de 100 degrez.
Ainſi auſſi le ſinus verſe de 130 degrez ſera trouué
d'enuiron 329:car le ſinus dé 40 degrez complément
de 130,vaut enuiron 129,qui adjouſtez au ſinus total
font 329.

Il appert donc, qu'eſtant donné vn ſinus verſe, s'il
eſt transferé ſur la ligne des cordes, commençant au
dernier poinct 180,la moitié des degrez compris entre les deux poinctes du compas commun, ſera les
degrez du ſinus verſe propoſé. Ainſi eſtant propoſé
à trouuer les degrez d'vn ſinus verſe 132 : ie prends
iceluy ſinus ſur la ligne droicte, & le transfere ſur la
ligne des cordes, poſant l'vne des poinctes du com-

pas commū fur le dernier poinct 180, & l'autre poincte fe va terminer au nombre 40, tellement qu'entre
les deux poinctes font compris 140, dont la moitié
70, eft l'angle du finus propofé.

Prop. 11.

Trouuer la tangente & fecante d'vn angle cogneu.

IL n'y a qu'à prendre fur la ligne des cordes le double des degrez de l'angle propofé, & l'ayant pofé
à l'ouuerture du double du complément dudit angle,
l'ouuerture du dernier poinct 180, fera la touchante
requife: & le cōpas eftant ouuert à angle droict, l'ouuerture & diftance d'entre le dernier poinct 180, &
celuy de la tangente trouuee, donnera la fecante dudit angle propofé. Mais d'autant que toutes les com-
putations des triangles tant rectilignes que Spheriques fe font & pratiquent plus ayfément fur ledict
compas de prop. par les feuls finus, que par les tangentes & fecantes; & auffi qu'elles furpaffent la grandeur de tout le compas, lors que les angles font plus
de 60 degrez, nous ne nous arrefterons dauantage à
icelles tangentes & fecantes.

Prop. 12.

Eftans cogneus deux angles d'vn triangle rectili-
gne, & vn cofté; cognoiftre l'autre angle,
& les deux autres coftez.

AYant adjoufté enfemble les degrez des deux
angles cogneus, & fouftrait de 180 degrez la
fomme defdits deux angles, reftera l'autre angle. Ce
faict prenés fur la ligne droicte le cofté cogneu, & le
portez à l'ouuerture du double des degrez de l'angle
oppofé à iceluy cofté; puis prenez l'ouuerture du
double des degrez de l'angle oppofé au cofté que

vous defirez cognoiftre, & vous aurez ledict cofté.
Exemple : Soit le triangle ABC, qui ait l'angle B de

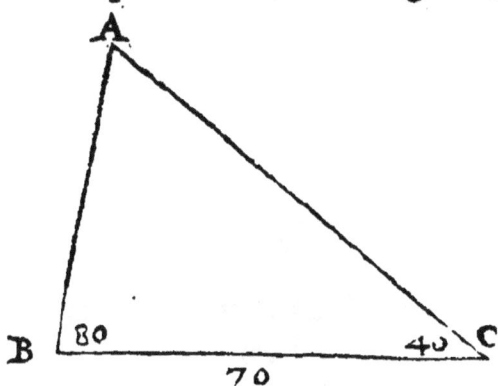

80 degrez, l'angle C
de 40, & le cofté BC
de 70 toifes : Il faut
trouuer l'angle A, &
les deux coftez AB,
AC. I'adioufte les an-
gles cogneus B & C,
qui font 120 degrez,
que i'ofte de 180, &

refte 60 degrez pour l'angle A. Ce faict ie prends fur
la ligne droicte du compas le cofté cogneu BC, fçauoir eft 70, & le porte à l'ouuerture de 120 degrez
double de l'angle oppofé A ; puis ledict compas de
prop. demeurant ainfi ouuert, ie prends l'ouuerture
de 160 degrez, double de l'angle B, laquelle donne
enuiron 79 ; pour le cofté AC oppofé à iceluy angle
B : Mais l'ouuerture de 80 degrez double de l'angle
C, donne enuiron 52 pour le cofté AB oppofé audit
angle C. Cecy eft auffi enfeigné en nos triangles rectilignes, pages 148, 149, & 150.

Prop. 13.

Eftans cogneus les coftez d'vn triangle rectiligne,
trouuer la valeur des angles.

POur ce faire, il faut prendre fur la ligne droicte
du compas le cofté oppofé à l'angle qu'on veut
fçauoir, & le pofer à l'ouuerture d'entre les deux
nombres des deux autres coftez, afin que le compas
foit ouuert d'vn angle égal au cherché : Parquoy
l'ouuerture de 60 degrez eftant portee fur la jambe,
monftrera la valeur dudict angle. Exemple : Qu'il

faille trouuer les angles du triangle ABC, duquel le
coſté AB eſt de 39 toiſes,
AC de 60 , & BC de 63.
Premierement pour co-
gnoiſtre l'angle A , ie
prends ſon coſté oppoſé
(qui eſt 63) ſur la ligne
des parties égales , & le
porte à l'ouuerture d'entre les deux nombres des
deux autres coſtez AB, AC, mettant l'vne des poinctes du compas commun ſur 39, & l'autre poincte à
60: puis ie prends l'ouuerture de 60 degrez, & la porte ſur la ligne deſdits degrez, & ie trouue enuiron 75
degrez 45′ pour l'angle A. Et pour ſçauoir l'angle B,
ie prends ſon coſté oppoſé (qui eſt 60) ſur la ligne
droicte, & le porte à l'ouuerture des deux autres coſtez, qui ſont 39 & 63 ; puis ie prends l'ouuerture de
60 degrez, laquelle donne enuiron 67 degrez 23′ pour
l'angle B : & quant au troiſieſme C, il ſera trouué
oſtant de 180 degrez la ſomme de A & B ; ou bien
comme deſſus poſant le coſté AB à l'ouuerture des
deux autres coſtez, & ſera trouué pour iceluy enuiron 36 degrez 52′. Cecy eſt auſſi enſeigné en nos
triangles rectilignes page 155.

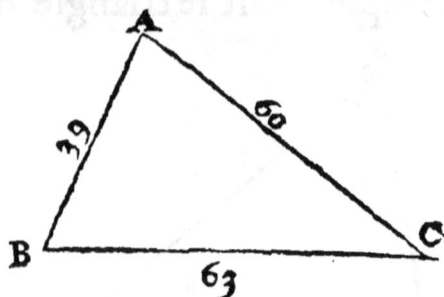

Prop. 14.

Eſtans cogneus deux coſtez d'vn triangle rectili-
gne, & l'angle qu'ils comprennent; cognoiſtre
l'autre coſté, & les deux autres angles.

IL faut ouurir le compas de l'angle cogneu , puis
prendre à la ligne droicte l'ouuerture d'entre les
deux nombres des deux coſtez cogneus , laquelle
(eſtant portee ſur la jambe) monſtrera le coſté in-

cogneu : ainſi les trois coſtez du triangle ſeront cogneus ; & partant les deux angles incogneus ſeront
trouuez, comme il eſt enſeigné à la prop. precedente.
Pour exemple : Soit le triangle ABC, duquel le coſté AC eſt de 40 toi-
ſes, & BC de 42, mais
l'angle C qu'ils com-
prennent ſoit de 37 de-
grez : & il faut cognoi-
ſtre l'autre coſté AB,
& les deux angles A &
B. Premierement i'ou-
ure le compas de l'angle cogneu, ſçauoir eſt de 37 degrez, puis ie preds l'ouuerture d'entre 40 & 42, nombres des coſtez cogneus, & la porte ſur la jambe,
& trouue enuiron 26 ½ pour le coſté AB. Quant aux
angles A & B, ie trouue que procedant comme il eſt
enſeigné à la precedente prop. A ſera d'enuiron 75
degrez 42'. & B d'enuiron 67 degrez 18'. Ceſte prop.
eſt enſeignee en nos triangles rectilignes page 156.

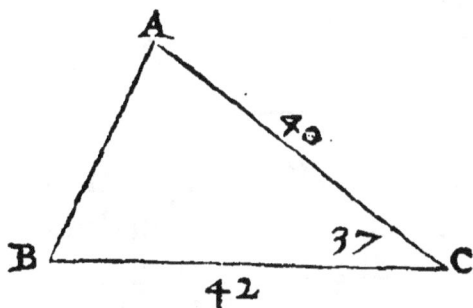

Prop. 15.

*Eſtans cogneus deux coſtez d'vn triangle rectili-
gne, & vn des angles oppoſez, trouuer l'autre
coſté, & les deux autres angles.*

IL faut ouurir le compas de prop. d'vn angle egal
au cogneu, puis prendre ſur la ligne droicte le coſté oppoſé audit angle cogneu, & ayant poſé l'vne
des poinctes du compas commun ainſi ouuert, ſur le
nombre de l'autre coſté cogneu, regardez à quel
nombre l'autre poincte ira tomber ſur l'autre jambe
dudict compas de prop. car ledit nombre ſera la valeur & quantité du coſté requis : ainſi on aura les trois

coſtez du triangle cogneu; & partant les deux angles
incogneus ſeront trouuez comme il eſt enſeigné à la
13. propoſ. Pour exemple :
Soit le triangle ABC, du-
quel AB eſt de 13 toiſes, AC
de 20 , & l'angle C oppoſé
au coſté AB eſt de 36 degrez
52'. Il faut trouuer l'autre
coſté BC, & les deux angles A & B. I'ouure premierement le compas de prop. d'vn angle égal au donné C, (c'eſt à dire preſque de 37 degrez) puis ie prends
ſur la ligne droicte le coſté AB oppoſé à l'angle cogneu, (ſçauoir eſt 13) & poſe l'vne des poinctes ſur 20,
nombre de l'autre coſté cogneu AC , puis condui-
ſant l'autre poincte ſur l'autre jambe du compas de
prop. elle va tomber au nombre 21 : & autant eſt le
coſté BC, qui eſtoit requis. Quant aux angles, procedant comme il eſt dit à la 13. prop. l'angle A ſera
trouué d'enuiron 75 degrez 45'. & B d'enuiron 63
degrez 23'. Cecy eſt auſſi enſeigné en nos triangles
rectilignes page 157.

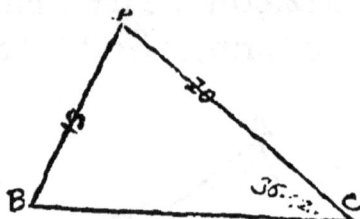

Mais eſt à noter que quand l'angle cogneu eſt oppoſé au moindre coſté (comme en l'exemple cy-deſſus) qu'alors la ſolution eſt ambiguë ; pource que
l'angle oppoſé à l'autre coſté cogneu peut eſtre aigu,
ou obtus : Parquoy on ne peuſt lors determiner ledit
angle, ny le troiſieſme coſté, ſinon qu'on ſçache l'eſpece dudit angle, car la poincte du compas commun
ira tomber en deux endroits ; comme en l'exemple
cy-deſſus, ladicte poincte va tomber au nombre 21,
& auſſi à 11 ; ſçauoir eſt à 11, ſi on poſe que l'angle ſoit
obtus, mais à 21, s'il eſt aigu : tellement qu'il faut obſeruer de prendre le moindre nombre ſi l'angle inco-
gneu oppoſé audict coſté çogneu eſt obtus, mais le

plus grand nombre, s'il est aigu.

Ce seroit icy le lieu d'enseigner aussi la supputa-
tion des triangles spheriques auec le compas de proportion, mais d'autant que peu de personnes s'ad-
donnent ausdictes supputations, nous ne grossirons
ce liuret par la repetitió de ce que nous en auons dict
& enseigné és 22 dernieres propositiós de nos triangles spheriques, où auront recours ceux qui desire-
ront veoir lesdites supputations.

Prop. 16.

Estant donné vn arc de cercle, trouuer le semidia-
metre d'iceluy cercle.

SOient pris trois poincts tels qu'on voudra en
l'arc proposé, esquels soient imaginez estre les
angles d'vn triangle rectiligne, dont les costez sont
les distances d'entre iceux poincts, par le moyen desquels soit trouué l'vn des angles aigus; puis ayant ouuert le compas de prop. du double d'iceluy angle,
soit regardé à quelle ouuerture correspondra le costé opposé audit angle trouué, & on aura le semidiametre cherché. E-
xemple: Soit vn arc
de cercle ABC, du-
quel il faut trouuer
le semidiametre,
afin de pouuoir
parfaire le cercle
de la circonferen-
ce duquel l'arc pro-
posé est partie.
Ayant pris a volō-
té les trois poincts

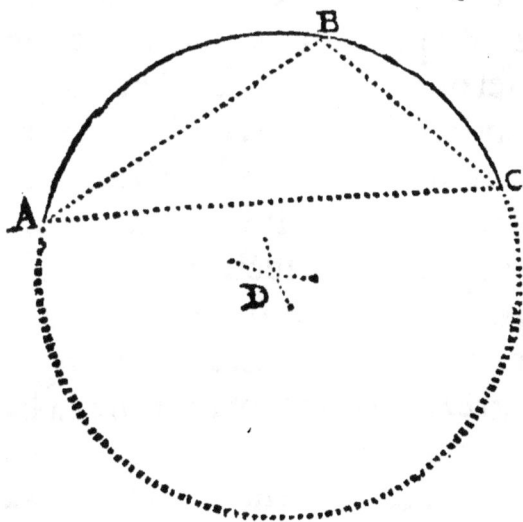

A,B,C, en l'arc propofé, & conceu le triangle ABC,
ie trouue que l'angle A eſt de 29 degrez, dont le double eſt 58: ayant donc ouuert le compas de prop. de
58 degrez, ie prends le coſté BC, & trouue qu'il correſpond à l'ouuerure de 40 parties égales; & autant
eſt le ſemidiametre requis, auec lequel deſcriuant
des poincts B & C, deux arcs qui s'entrecouppent en
D, ledict poinct de ſection ſera le centre du cercle
dont le ſegment ABC eſt partie.

Or on trouuera en la meſme maniere le centre
d'vn cercle, qui puiſſe circonſcrire vn triangle donné; ou qui paſſe par trois poincts donnez, leſquels ne
ſoient en ligne droicte.

On trouuera encore par ceſte meſme maniere,
combien de degrez contient vn arc donné.

Prop. 17.

*Sur vne ligne droicte donnee, deſcrire vne ſection
de cercle capable d'vn angle de tant de
degrez qu'on voudra.*

IL faut imaginer vn triangle iſoſcelle dont la baſe
ſoit la ligne donnee, & chacuns des angles de deſſus icelle, le ſupplément du propoſé: & partant tous
les angles du triangle ſeront cogneus auec vn coſté:
Parquoy on trouuera ayſémét l'vn des coſtez égaux,
qui ſera le ſemidiametre du cercle de la ſection requiſe. Exemple: Qu'il faille deſcrire ſur la ligne droicte AC, (*en la precedente figure,*) vne ſection de cercle
capable d'vn angle de 105 degrez. Le ſupplément d'i-
celuy eſt 15; & partant l'angle du ſommet du triangle
iſoſcelle, ſera de 150 degrez. Parquoy ayant poſé la ligne donnee AC à l'ouuerture de 60 degrez, l'ouuerture de 30 donnera le ſemidiametre de la ſection re-

quiſe, auec lequel deſcriuant des poinɭts **A** & **C,** deux arcs qui s'entrecouppent au poinɭt D, iceluy poinɭt ſera le centre, duquel ayant deſcrit la ſeɭtion ABC; tout angle faiɭt en icelle ſection, comme eſt l'angle rectiligne ABC, ſera de 105 degrez, ainſi qu'il eſtoit requis.

Prop. 18.

Sur vne ligne droicte donnee, deſcrire vne figure plane ſemblable à vne autre donnee.

IL faut imaginer la figure propoſee, eſtre diuiſee en triãgles par lignes diagonales: Cóme pour exẽple, la figure AHGB eſtant propoſee, pour en deſcrire vne ſemblable ſur la ligne droiɭte CF, ſoit tiree vne diagonale AG, laquelle diuiſe ladite figure AHGB, en deux triangles AGB, & AGH: puis par la quatrieſme propoſition ſoit trouuee FE quatrieſme proportionnelle à AB, BG, CF, & auec icelle FE, ſoit deſcrit vn arc du centre F : puis ayant pareillement trouué CE quatrieſme prop. à AB, AG, CF, ſoit auſſi deſcrit auec icelle CE, vn arc du centre C, qui couppe le precedent en E, auquel poinɭt eſtant tiree la ligne FE, ſera formé l'angle F égal à l'angle B : en apres ſoit auſſi trouuee la quatrieſme proportion aux trois coſtez AG, GH, CE, & auec icelle deſcrit vn arc du centre E : finalement aux trois coſtez AG, AH, CE ſoit auſſi trouuee vne quatrieſme proportion, & auec icelle deſcrit vn arc du poinɭt C, qui couppe le precedent en D, auquel poinɭt de ſection, ayant tiré des lignes

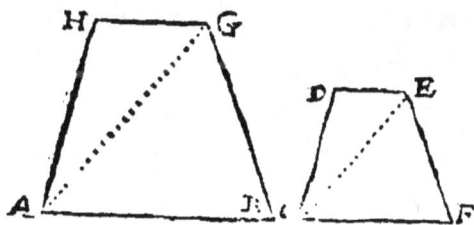

de

de E & C, on aura le triangle CED, semblable au triangle AGH:& partant toute la figure CFED semblable à la figure proposee ABGH. Que s'il y auoit dauantage de triangles en la figure proposee, faudroit proceder comme deſſus de triangle en triangle, iuſques à ce que la figure fut accomplie, comme il eſt dict à la page 188 de nos prob. geometriques.

Prop. 19.

Eſtant donné vn cercle, trouuer le coſté de quelconque polygone regulier qu'on voudra inſcrire audit cercle.

IL faut porter le demy diametre du cercle à l'ouuerture de 60 degrez, ou tout le diametre à 180; puis prendre l'ouuerture du nombre des degrez de l'angle du centre du polygone qu'il faut inſcrire, & icelle ouuerture donnera ledit coſté du polygone requis. Or l'angle du centre du polygone ſe trouuera diuiſant 360 par le nombre des coſtez de la figure ou polygone propoſé; tellement que l'angle du centre du triangle eſt de 120 degrez; celuy du quarré, de 90: du Pentagone, de 72;& celuy de l'heptagone eſt 51⅜; de l'octogone, 45; de l'eneagone, 40; du decagone, 36, &c. Exemple : Soit le cercle ABC ; & il faut trouuer le coſté du Pentagone inſcriptible en iceluy cercle. Ayant

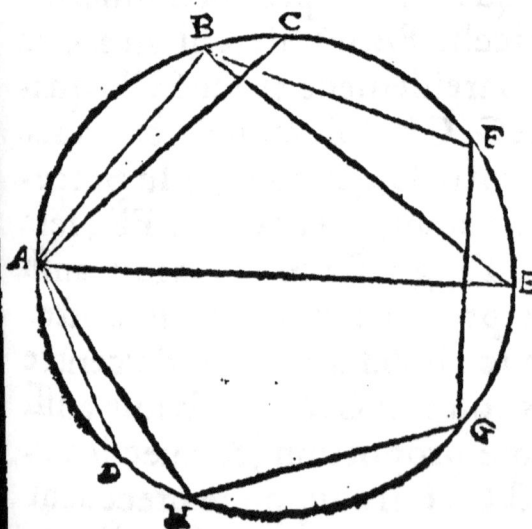

C

transferé le semidiametre dudit cercle à l'ouuerture
de 60 degrez, ie prends l'ouuerture de la corde de 72
degrez, laquelle donne la ligne droicte AB, pour le
costé du Pentagone inscriptible audit cercle ABC.
Ainsi pour auoir le costé du quarré, ie prendrois l'ouuerture de 90 degrez, qui donneroit la ligne droicte
AC pour ledit costé; & pour auoir celuy de l'heptagone, ie prendrois l'ouuerture de 51 d'vn costé & presque 52 de l'autre, laquelle donneroit AD pour ledit
costé de l'heptagone. Cecy est en la page 43 de nos
Memoirs.

On aura aussi ledit costé du polygone, si ayant tiré vn diametre, on faict à l'extremité d'iceluy vn angle égal à la moitié de l'angle du centre du polygone
proposé. Ainsi faisant à l'extremité du diametre AE,
l'angle AEB de 36 degrez, moitié de l'angle du centre du pentagone, la ligne EB estant tiree iusques à
ce qu'elle rencontre la circonference en B, elle coup-
pera l'arc AB de 72 degrez, cinquiesme partie de toute la circonference; & partant la corde AB sera comme deuant le costé du pentagone, lequel sera formé
accommodant encore au cercle les quatre lignes
droictes BF, FG, GH, HA égales à icelle AB.

Prop. 20.

Estant donnee vne ligne droicte pour costé de quel-
conque polygone regulier, trouuer le semidia-
metre du cercle auquel pourra estre inscrit ledit
polygone, & faire ladite inscription.

AYant trouué l'angle du centre du polygone
proposé, soit portee la ligne donnee à l'ouuerture de la corde dudit angle du centre; puis soit pri
l'ouuerture de 60 degrez, laquelle donnera le semi

diametre requis.
Ainſi eſtant don-
nee la ligne droicte
AB pour coſté
d'vn pentagone ;
pour trouuer le ſe-
midiametre du cer-
cle circonſcriuant
ledict pentagone,
ie porte icelle AB
à l'ouuerture de 72
degrez , angle du
centre dudict pentagone, puis ie prends l'ouuerture
de 60 degrez , laquelle donne le ſemidiametre du
cercle requis : & afin de trouuer le centre dudit cercle ; des poincts A & B , & de l'interuale d'iceluy ſemidiametre, ie deſcris deux arcs de cercle s'entrecouppans au poinct C ; duquel & du meſme interuale, ie deſcris le cercle ADEFB, dans lequel accommodant encore les quatre lignes droictes AD , DE,
EF, & FB , égales à la donnee AB , ſera formé le pentagone ADEFB ſur ladite ligne droicte donnee AB.
Cecy eſt dit à la page 43 de nos Memoirs.

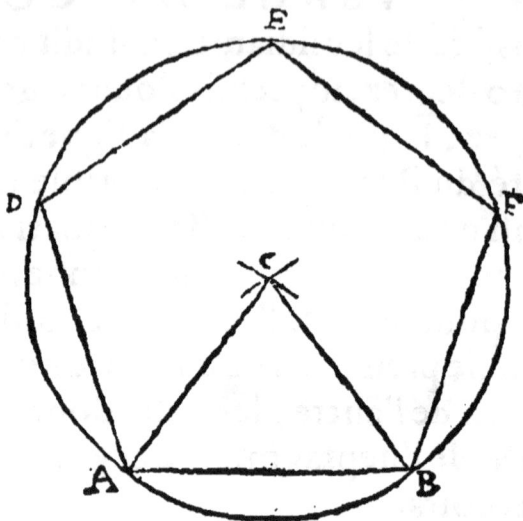

Or ledit ſemidiametre & centre du cercle, ſeront
encore trouuez, ſi ayant oſté de 180 degrez l'angle du
centre, on faict à chaque extremité de la ligne donnee, vn angle de la moitié du reſte ; les lignes d'iceux
angles eſtans tirees iuſques à ce qu'elles ſe rencon-
trent, donneront leſdits ſemidiam. & centre : Tellement que faiſant ſur la ligne AB & à chaque poinct
A & B , les angles BAC, ABC chacune de 54, les lignes
AC, BC ſe rencontrant au poinct C ſont ſemidiame-
tres du cercle circonſcriuant le pentagone dont AB
eſt vn coſté, & C le centre.

On peut auſſi deſcrire ſur la ligne droicte donnee
le polygone propoſé , ſans deſcrire le cercle qui le
peut circõſcrire: car ayant oſté de 180 l'angle du centre du polygone, & ouuert le compas de prop. d'vn
angle égal au reſte, ſi on transfere ſur la jambe la ligne donnee, l'ouuerture du nombre où elle ſe terminera, ſera la ſubtendente de deux coſtez du polygone, auec laquelle & ladicte ligne donnee, il eſt facile de deſcrire ledit polygone. Cecy eſt à la page 194
de nos Memoirs.

Prop. 21.

*Eſtant donnee vne ligne droicte pour ſubtendente
de tant de coſtez qu'on voudra de quelque polygone regulier, trouuer le ſemidiametre du cercle
auquel pourra eſtre inſcrit ledit polygone ; & faire ladite inſcription.*

A Yant trouué l'angle du centre du polygone
propoſé, & multiplié iceluy par le nombre des
coſtez ſubtendus par la ligne propoſee, ſoit portee
ladicte ligne à l'ouuerture du nombre des degrez
prouenu de ladicte
multiplication , &
l'ouuerture de 60
degrez donnera le
ſemidiametre re-
quis. Exemple :
Qu'il faille trouuer
le ſemidiametre du
cercle auquel puiſ-
ſe eſtre inſcrit le
pentagone, dont la
ligne droicte AB

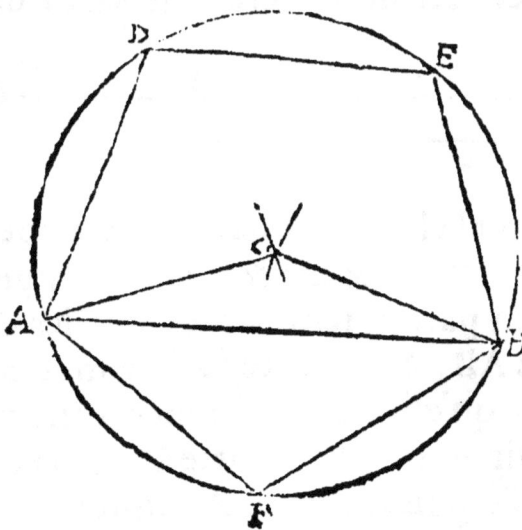

soit subtendante de deux costez. L'angle du centre
du pentagone est 72 degrez, dont le double est 144.
à l'ouuerture desquels ie pose la ligne donnee AB,
puis ie prends l'ouuerture de 60 degrez, laquelle me
donne le semidiametre du cercle requis: de l'interuale duquel, & des poincts A & B, ie descris deux arcs
de cercle s'entrecouppans en C, duquel & du mesme
interuale, ie descris le cercle ADEBF: ce faict ie
prends l'ouuerture de l'angle du centre 72 deg. laquelle donne le costé dudit pentagone, &c. Ceste
prop. est plus au long en nos Memoirs pages 44,
358, & 359.

Prop. 22.

Coupper semblablement vne ligne droicte donnee
non couppee à vne autre ligne droicte
donnee & couppee.

IL faut porter la ligne couppee sur la ligne des parties égales du compas de prop. & faire l'ouuerture du nombre où elle se terminera de la grandeur &
interuale de la ligne non couppee: puis prenant les
ouuertures des poincts terminans chasque partie de
la couppee, &
les transferant A _____ C _____ D _____ B
sur la nõ coup- E _____ G _____ H _____ F
pee, on aura le
requis. Exemple: Soit la ligne droicte AB couppee
en trois parties és poincts C & D : & il faut coupper
vne autre ligne EF en parties semblables à celles de
AB. Ie prends ladite AB , & la porte sur la jambe du
compas, & trouuant qu'elle se va terminer au nombre 86, ie prends la ligne EF, & la porte à l'ouuerture d'iceluy nombre 86: puis ie prends AC, que ie tras-

C iiij

fere auſſi ſur la jambe, & ſe termine au nombre 20;
dont l'ouuerture donne le ſegment E G : ie prends auſſi A D, que ie transfere pareillement ſur la jambe du
compas, & l'ouuerture du nombre 59, où ledict ſegment ſe va terminer, donne le ſegment E H; & ainſi
E F eſt couppee en parties ſemblables aux parties de
A B. Cecy eſt en la page 176 de nos Memoirs.

Or pour coupper vne ligne droicte donnee en
deux parties qui ſoient entr'elles ſelon vne raiſon
donnee, il faudra faire tout ainſi que deſſus : ce qui eſt
dict en la page 199 de noſdits Memoirs.

Prop. 23.
Coupper vne ligne droicte donnee en la moyenne
& extréme raiſon.

IL n'y a qu'à prendre la ligne donnee, & la transferer à l'ouuerture de 60 degrez ; puis prendre l'ouuerture de 36 degrez, laquelle donnera le plus grand
ſegment de la ligne couppee ſelon le requis. Ceſte
maniere eſt tiree de la page 43 de nos Memoirs ; &
il y en a encore vne autre en la page 191.

Prop. 24.
Eſtant donné quelque nombre, trouuer la racine
quarree d'iceluy.

NOus auons enſeigné en la page 189 de nos Memoirs, le moyen de trouuer ladite racine quarree, ſur la ligne des parties égales, mais d'autant que
ceſte maniere eſt difficile à operer, nous la délaiſſe-
rós pour ſuiure vne autre maniere, qui eſt en la page
190, laquelle eſt fort prompte, & facile à operer ſur
la ligne des plans, quand le nombre propoſé ne ſur-

paſſé 6400 : car alors il n'y a qu'à prendre 80 ſur la ligne droicte, & les poſer à l'ouuerture du dernier plan
64 : puis ayant couppé les deux dernieres figures vers
dextre du nombre propoſé, ſoit pris l'ouuerture du
nombre des figures reſtantes, laquelle eſtant portee
ſur la ligne droicte, on verra le nombre radical cherché. Comme pour exemple : Soit propoſé à trouuer
la racine quarree de 4000. Ie prends ſur la ligne droicte, la diſtance du centre à 80 parties, & la porte à
l'ouuerture du dernier plan 64 : puis le compas demeurant ainſi ouuert, ie reiette du nombre propoſé
les deux dernieres figures vers dextre, & reſte 40,
dont ie prends l'ouuerture, laquelle ie porte ſur la
ligne droicte, & trouue enuiron 63½ pour la racine
quarree du nombre propoſé 4000. Mais eſt à noter
qu'auec les deux figures reſtantes, il faut auſſi prendre les deux figures retranchees comme parties dont
le denominateur eſt 100, c'eſt à dire qu'il faudra prédre l'ouuerture du nombre des deux figures reſtantes auec vne partie de l'entier ſuiuant, ſelon l'eſtima-
tion & valeur des deux figures reiettees, au regard
d'vn entier diuiſé en 100 parties : comme ſi les deux
figures reiettees valloient 50, ce ſeroit ½ : ſi 40, ⅖ : ſi
75, ¾ : &c. tellement que pour auoir la racine quarree de 5478, ie prendrois l'ouuerture d'enuiron 54¾,
laquelle portee ſur la ligne des parties égales, mon-
ſtre enuiron 74 pour la racine requiſe.

Quant aux nombres moindres que 100, ils ne peuuent auoir qu'vne figure pour racine, laquelle on de-
uroit ſçauoir par memoire : toutefois on la trouuera ſur le compas de prop. car ſi ayant ouuert le compas comme dit eſt cy-deſſus, on prend l'ouuerture
du nombre propoſé, elle donnera ladicte racine, en
prenant chaſque dizaine du nombre trouué, pour

vne vnité feulement : ainfi voulant trouuer la racine
de 43 , ie prends l'ouuerture du quarante-troifiefme
plan, laquelle ie porte fur la ligne droicte, & trouue
enuiron 66: ie dis donc que la racine de 43 eft enuiron 6⅓.

Mais lors que le nombre propofé eft entre 6400
& 64000, il faut apres auoir retranché les deux dernieres figures, prendre la moitié du refte, ou bien le
tiers ou le quart, &c. puis prendre l'ouuerture d'icelle moitié, tiers ou quart, &c. laquelle foit transferee
à l'ouuerture de quelque plan qui ait fur le compas
de prop. double, triple, quadruple, &c. & l'ouuerture d'iceluy double, triple ou quadruple, &c. eftant
portee fur la ligne des parties égales monftrera la racine requife. Exemple ; Qu'il faille trouuer la racine
quarree de 7400: ayant pris 80 fur la ligne droicte,
ie les mets à l'ouuerture du dernier plan 64 ; puis ie
rejette les deux dernieres figures vers dextre, & refte
74, dont ie prends la moitié, qui eft 37, defquels ie
prends l'ouuerture , & la transfere à l'ouuerture de
25, puis ie prends l'ouuerture du double 50, laquelle
portee fur la jambe à la ligne droicte, monftre enuiron 86⅓ pour la racine de 7400.

Autrement, Il faut prendre 100 fur la ligne droicte, & les porter à l'ouuerture du dixiefme plan , puis
retrancher les trois dernieres figures vers dextre du
nombre propofé, & prendre l'ouuerture du refte, laquelle eftant portee fur la jambe, monftrera la racine du nombre propofé. Exemple : Qu'il faille trouuer la racine quarree de 56497. Ie prends 100 fur la
ligne des parties égales, & les transfere à l'ouuerture
du dixiefme plan : puis ayant retranché les trois dernieres figures vers dextre , refte 56, dont ie prends
l'ouuerture auec prefque ½ (à caufe que les trois figu-

res reiettees font prefque moitié d'vn entier vallant
1000 parties) laquelle ouuerture de 56⅛, ie porte
fur la ligne droicte, & trouue plus de 237 ⅘ pour la
racine de 56497.

Prop. 25.
Eftant propofé certain nombre d'hommes à mettre
en bataillon, trouuer combien on en doit
mettre au front & au flanc.

ON faict ordinairement de cinq fortes de batail-
lons, fçauoir eft quarrez d'hommes, quarrez de
terrain, doublez, de grand front, & dont le front eft
au flanc felon quelque raifon donnee : & d'iceux feulement nous entendons parler icy, comme nous a-
uons ja faict à la fin de noftre Arithmetique mili-
taire.

1. Si on veut former vn bataillon quarré d'hommes,
il n'y a qu'à prendre la racine quarree du nombre des
hommes propofez, laquelle donnera les hommes
qu'on doit mettre à chafque rang tant de front que
de flanc. Comme pour exemple: voulant mettre 3500
hommes en bataillon quarré ; ie prends la racine
quarree de ce nombre 3500, comme il a efté enfeigné à la prop. precedente, laquelle ie trouue eftre enuiron 59⅚ : ie dis donc qu'il fait mettre 59 hommes
de front, & autant en fonds : & quant à la fraction il
la faut delaiffer.

2. D'autant que l'efpace que chaque foldat oc-
cupe marchant en bataille eft d'enuiron trois pieds
en front & fept en fonds, vn bataillon quarré d'hô-
mes, ne le fera pas de terrain : c'eft pourquoy qui
voudra former vn bataillon quarré de terrain, il faudra trouuer le nombre des hommes tant du front

que du fonds comme il enſuit. Prenez 30 ſur la ligne
des parties égales, & les poſez à l'ouuerture du vingt-
vnieſme plan ; puis ayant retranché les deux dernieres figures vers dextre du nombre d'hommes propoſez, ſoit pris l'ouuerture du nombre reſtant ſur les
plans ; & icelle ouuerture donnera le nombre des
hommes du fonds: Mais poſant 70 à l'ouuerture dudit vingt-vnieſme plan ; l'ouuerture dudict nombre
reſtant, les deux dernieres figures rejettees, comme
dit eſt, donnera le nombre des hommes du front, ob-
ſeruant de prendre à peu pres pour leſdites deux figures retrâchees, auec les reſtantes, les parties qu'elles font de 100. Comme pour exemple : Eſtant propoſé à mettre 2400 hommes en bataillon quarré de
terrain, ie prends 30 ſur la ligne droicte, & les porte
à l'ouuerture du vingt-vnieſme plan, & ayant retranché les deux dernieres figures du nombre propoſé,
reſtent 24., dont ie prends l'ouuerture ſur les plans,
laquelle donne enuiron 32 pour le nombre des hommes qu'il faut mettre en fonds : Mais ayant poſé 70 à
l'ouuerture dudit vingt-vnieſme plan, ie prends derechef l'ouuerture de 24, laquelle donne enuiron 75
pour le nombre des hommes qu'il faut mettre au
front.

3. Pour faire vn bataillon doublé, c'eſt à dire qui ait
deux fois autant d'hommes au front qu'au fonds, il
faut doubler le nombre propoſé, puis prendre la racine de ce double, laquelle ſera le nombre des hommes du front; & la moitié d'icelle racine, ſera le nombre des hommes du flanc. Exemple : Eſtant propoſé
à mettre 1800 hommes en bataillon doublé, ie double ce nombre, & font 3600, dont ie prends la racine
quarree, que ie trouue eſtre 60 : autant d'hommes
faut-il mettre au front du bataillon, & 30 au fonds.

4. Pour faire vn bataillon de grand front, il faut trouuer la racine quarree du nombre des hommes proposez, puis la transferer tant sur la ligne droicte, qu'à l'ouuerture du nombre des hommes du front: & prenant puis apres l'ouuerture du nombre d'icelle racine, on aura le nombre des hommes qu'il faudra mettre en fonds. Comme pour exemple: Estant proposé à mettre 1600 hommes en vn bataillon qui ait 80 hommes de front ; ie prends la racine quarree dudit nombre 1600, laquelle ie trouue estre 40, que ie pose à l'ouuerture de 80 ; puis ie prends l'ouuerture de ladite racine 40, laquelle donne 20 pour le nombre des hommes qu'il faut mettre au fonds dudict bataillon.

5. Pour faire vn bataillon duquel le front soit au fonds selon quelque raison donnee, il faut premierement multiplier les nombres ou termes de la raison donnee entr'eux, & à l'ouuerture du plan prouenu de ladite multiplication, poser chacuns desdits nombres ou termes pris sur la ligne droicte comme dizaine, (c'est à dire qu'à chacun d'iceux nombres il faut adiouster ou sousentendre vn zero) puis ayant retranché les deux dernieres figures vers dextre du nombre des hommes proposez, soit pris l'ouuerture du nombre restant sur les plans, & icelle ouuerture donnera le nombre des hommes du front ou du fonds, selon le terme de la raison, auec lequel le compas de prop. aura esté ouuert. Exemple : Estant proposé à mettre 2450 hommes en vn bataillon dont le front soit au flanc comme 7 à 5, c'est à dire que pour chaque 7 qu'il y aura au front, il y en ait 5 en fonds. Ie multiplie donc les termes de la raison entr'eux, & viennent 35, à l'ouuerture desquels ie pose 70 ; puis ie retranche les deux dernieres figures du nombre

des hommes propofez, & reftent 24, dont ie prend&
l'ouuerture, laquelle donne fur la ligne droicte 58
pour le nombre des hommes qu'il faut mettre au
front du bataillon : Mais pofant 50 à l'ouuerture dudit trente-cinquiefme plan, l'ouuerture dudit vingt-
quatriefme plan donne 41 pour le flanc. On peut
trouuer en la mefme maniere les hommes du front &
du fonds du bataillon doublé, car ce n'eft autre chofe que ranger les hommes propofez en vn bataillon,
dont le front foit au fonds, comme 2 à 1.

Prop. 26.

Extraire la racine cube de quelque nombre donné.

Q Vand le nombre propofé ne fera plus grand
que 64000, ny moindre que 1000, foit pris fur
la ligne droicte du compas de prop. la grandeur &
interuale de 40 parties, laquelle foit pofee à l'ouuerture du foixante-quatriefme folide, & ledict compas
de prop. demeurant ainfi ouuert, foient retranchees
les trois dernieres figures vers dextre du nombre
donné, & pris l'ouuerture du nombre reftant fur ladite ligne des folides, laquelle ouuerture eftant trãf-
feree fur la ligne droicte, fera monftré le nombre radical; obferuant que fi on prend à peu pres l'ouuerture du refte (c'eft à dire des trois figures retranchees,
comme parties d'vn entier diuifé en 1000 parties)
auec les figures prifes, qu'on aura la racine plus pre-
cife. Exemple : Voulant auoir la racine cubique de
42905, l'ouure premierement le compas de prop. en
forte que le foixante-quatriefme folide ait d'ouuerture 40 parties de la ligne droicte, puis ie retranche
dudict nombre propofé les trois dernieres figures,
fçauoir eft 905, & reftent 42, defquels (ou pluftoft

42 & enuiron $\frac{2}{10}$ à caufe que les figures rejettees valent peu plus de $\frac{1}{2}$) ie prends l'ouuerture, laquelle
portee fur la ligne droicte, donne peu plus de 35 pour
la racine cubique du nombre propofé.

Que fi le nombre propofé eft plus grand que
64000, il faudra apres auoir retranché les trois dernieres figures, prendre la moitié, tiers ou quart, &c.
ou refte, & d'icelle partie prendre l'ouuerture, & la
transferer à l'ouuerture de quelque folide qui ait fur
ledit compas vn nombre double, triple, &c. & l'ouuerture d'iceluy nombre double, triple, &c. donnera la racine requife. Exemple : Qu'il faille extraire la
racine cube de 159074 : ayant ouuert le compas de
prop. comme dit eft, ie couppe d'iceluy nombre les
trois dernieres figures 074, & reftent 159, defquels ie
prens le tiers à caufe que ce nombre eft trop grand,
ce eft 53, dont ie prends l'ouuerture, & la transfere à
l'ouuerture d'vn folide, dont le triple foit marqué fur
le cópas, & ie choifis 10, puis ie prends l'ouuerture
du nombre triple, fçauoir eft 30, laquelle ie porte à
la ligne droicte, & trouue enuiron 54$\frac{1}{2}$ pour la racine
cubique dudit nombre propofé 159074.

Autrement : Il faut retrancher les quatre dernieres figures, & proceder comme deffus, ayant au prealable ouuert le compas de prop. en forte que le douziefme folide & demy foit ouuert de 50 parties de la
ligne droicte. Exemple : Voulant extraire la racine
cube de 620103 ; ie prends 50 fur la ligne droicte, &
les porte fur les folides à l'ouuerture de 12$\frac{1}{2}$; puis ayãt
retranché les quatre dernieres figures, reftent 62,
dont ie prends l'ouuerture, laquelle eftant portee
fur la ligne droicte, donne peu plus de 85$\frac{1}{2}$ pour la
racine cubique dudit nombre propofé. Qu'il faille
encore extraire la racine cube de 123987 6, ayant ou-

uert le compas de prop. comme dit eſt , & retranché
les quatre dernieres figures, reſtent encores 123, deſquels la moitié eſt 62½ mais à cauſe que les quatre
figures rejettees valent preſque vn entier, ie prends
l'ouuerture de 63, & la trãsfere à l'ouuerture du tren-
tieſme ſolide, puis ie prends l'ouuerture du ſolide
double, ſçauoir eſt 60, laquelle eſtant portee ſur la ligne droicte, donne peu moins de 107½ pour la racine
cubique dudit nombre propoſé. Ceſte propoſition
eſt en la page 228 de noſtre Geometrie pratique : &
ſe doit ſeulement entendre des nombres qui ne ſur-
paſſent ſept figures.

Prop. 27.

Entre deux lignes droictes donnees , trouuer vne
moyenne proportionnelle.

NOus auons dict en la page 189 de noſtre Geometrie pratique, qu'il faut premierement ouurir le compas de prop. à angle droict, puis transferer
les lignes donnees ſur l'vne des lignes droictes dudit
compas, afin de ſçauoir combien chacune d'icelles
lignes donnees contient de parties, telles que celles
contenuës en iceluy compas: puis ayant adjouſté leſdites lignes ou nombres des parties qu'elles contien-
nent, & pris auec le compas commun la moitié de la
ſomme, ſoit poſee l'vne des poinctes dudict compas
commun ainſi ouuert ſur l'vne des jambes du compas de prop. à la difference d'entre ladite moitié &
la moindre ligne ou nombre; & où l'autre poincte
ira tomber ſur l'autre jambe, ſera monſtré la grandeur de la moyenne proportionnelle requiſe. Exemple: Qu'il faille trouuer vne moyenne proportionnelle entre les deux lignes droictes A & B, ayant ou-

uert le compas de prop. à angle droict, ie prends les-

A ——————————— 40
C ————————————— 60
B ——————————————— 90

dites lignes A & B, & les transporte sur la jambe du
compas de prop. à la ligne droicte, & trouue que **A**
se termine au nombre 40, & B au nombre 90, lesquels deux nombres i'adiouste ensemble, & font 130,
dont la moitié est 65, que ie prends sur ladicte ligne
droicte, & pose l'vne des poinctes sur l'vne des jambes du compas de prop. au nombre 25, difference
d'entre ladicte moitié 65 & la moindre ligne 40, &
l'autre poincte va tomber sur l'autre jambe au nombre 60, & telle est la quantité de la moyenne proportionnelle requise, qui donne la ligne C. Or ceste ope-
ration n'est autre chose que la 15 proposition, car la
moitié de la somme des deux lignes donnees, est l'hy-
pothenuse d'vn triangle rectangle, & la difference de
ladicte moitié & de la moindre ligne, vn costé de
l'angle droict, & la moyenne proport. requise est l'autre costé.

Ladicte moyenne prop. sera aussi trouuee sur la ligne des plans, posant la plus grande ligne à l'ouuerture du plan denoté par les parties trouuees sur la ligne droicte, & l'ouuerture de celuy des parties de la
petite ligne, donnera ladite moyenne prop. requise,
obseruant que si les nombres des parties trouuees
sur la ligne droicte, estoient plus grandes que le nombre des plans, qu'il faudroit proceder auec la moitié,
tiers ou quart, &c. Ainsi la ligne B ayant esté trouuee
sur la ligne droicte de 90 parties, ie la pose à l'ouuerture du quarante-cinquiesme plan (moitié de 90)

puis ie prends l'ouuerture du vingtiesme plan (moitié de 40, que A a esté trouuee contenir) laquelle donne la mesme ligne C.

On trouuera en la mesme maniere vn nombre moyen proportionnel entre deux donnees : Ainsi voulant trouuer vn nombre moyen proportionnel entre 48 & 192, ie prends le quart de chacun d'iceux nombres, à cause qu'ils sont trop grands, & sont 12 & 48 : ie prends donc 48 sur la ligne droicte, & les porte à l'ouuerture du quarante-huictiesme plan ; puis ie prends celle du douziesme, laquelle portee sur la ligne droicte, donne 24 pour le moyen proportionnel entre 12 & 48 ; mais le quadruple d'iceluy (sçauoir est 96) sera moyen proportionnel entre les deux nombres donnez 48 & 192.

Prop. 28.

Entre deux lignes droictes donnees, en trouuer deux moyennes proportionnelles.

NOus auons dict en la page 228 de nostre Geometrie pratique, qu'il faut premierement trasferer les deux lignes donnees sur la ligne droicte du compas de prop. afin de trouuer combien chacune d'icelles contient de telles parties : en apres la plus grande ligne soit portee aux solides à l'ouuerture d'vn tel nombre que celuy trouué sur la ligne droicte, & l'ouuerture du solide denoté par le nombre de la moindre ligne, donnera l'vne des lignes requises : & celle-cy estant mise à l'ouuerture du solide, où auoit esté posee la premiere ligne donnee, l'ouuerture du solide de la derniere donnera l'autre ligne requise. Exemple : Soient donnez les deux lignes droictes A & B, entre lesquelles il faille trouuer deux

moyen-

moyennes proportionnelles. Ayant transferé lesdites lignes donnees sur la ligne droiate du compas de
prop. & trouué que
A contient 54 & B
16 ; ie pose ladite li-
gne A à l'ouuerture
du cinquante- qua-
triesme solide, puis
ie prends l'ouuerture du seiziesme, laquelle donne
la ligne C ; pour la premiere des lignes requises, &
icelle C estant mise à l'ouuerture du mesme cinquan-
te-quatriesme solide, l'ouuerture dudiat seiziesme
donne la ligne D , pour la derniere des moyennes
proportionnelles requises.

On trouuera en la mesme maniere deux nombres
moyens proportionnaux entre deux donnez, obseruant que si lesdiats nombres donnez (ou ceux qui
auroient esté trouuez transferant les lignes donnees
sur le compas) estoient trop grands, qu'il faudroit
prendre la moitié, tiers ou quart, &c. & acheuer côme dessus, reduisant les nombres trouuez selon les
parties prinses. Exemple : Qu'il faille trouuer deux
moyens proport. entre 24 & 192. A cause que 192 est
trop grand, ie prends le tiers d'iceux nombres, & sont
8 & 64 : ie prends sur la ligne droiate le premier nôbre 8, & l'ayant porté à l'ouuerture du huiatiesme solide, ie prends l'ouuerture du soixante-quatriesme,
qui portee sur la ligne droiate, donne 16 pour le premier des nombres cherchez ; & iceluy estant porté à
l'ouuerture du mesme huiatiesme solide, l'ouuerture
du soixante-quatriesme donnera 32 pour l'autre nôbre cherché, au respect de 8 & 64 : & puis qu'iceux
ne sont que le tiers des nombres donnez, aussi les
trouuez ne seront que le tiers des requis ; tellement

D

que le triple d'iceux, sçauoir est 48 & 96 seront les deux moyens proportionnaux requis à trouuer entre 24 & 192.

Prop. 29.

Estant donné vne figure plane, l'augmenter ou diminuer selon vne raison donnee.

NOus auons enseigné en la page 209 du premier volume de nos memoirs Mathematiques, à pratiquer cecy tant sur la ligne droicte que sur la ligne des plans, mais nous repeterons seulement icy la maniere qui se pratique sur ladicte ligne des plans; & pour ce faire, chasque costez de la figure donnee soient portez à l'ouuerture du plan denoté par le premier terme de la raison proposee; & l'ouuerture du plan denoté par l'autre terme, donnera le costé homologue à celuy lequel on aura pris, obseruant de prendre aussi les diagonales necessaires pour descrire la figure. Exemple: Qu'il faille diminuer la figure plane AHGB, selon la raison de 9 à 4. Ie prends premieremét le costé AB, & l'ayant porté à l'ouuerture du neufiesme plan, ie prends l'ouuerture du quatriesme, qui me donne CF pour le costé homologue à AB: & ainsi tous les autres costez de la figure donnee estans portez à l'ouuerture dudit neufiesme plan; l'ouuerture du quatriesme donnera tous les autres costez de la figure requise: Mais pour former icelle figure, il est necessaire de porter aussi la diagonale AG à ladite ouuerture du neufiesme plan, & l'ouuerture dudit

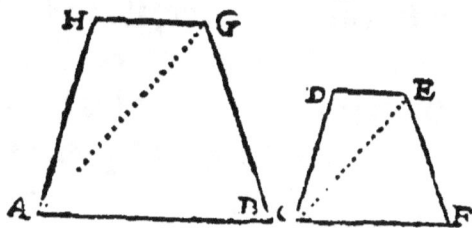

quatriefme plan, donnera la diagonale homologue
CE, par le moyen de laquelle fe defcrira le triangle
CEF, puis CDE : & ainfi on aura la figure CDEF, à
laquelle la donnée AHGB aura telle raifon que 9
à 4.

Prop. 30.

*Eſtans donneës deux figures planes ſemblables,
trouuer quelle raiſon elles ont entr'elles.*

SOit pris lequel on voudra des coſtez de l'vne deſdites figures donnees, & l'ayant mis à l'ouuerture
de quelque plan, ſoit pris à l'autre figure le coſté homologue , & regardé à l'ouuerture de quel plan il
conuiendra : & les deux nombres ſur leſquels ſeront
leſdits deux coſtez homologues monſtreront la raiſon deſdites figures. Mais eſt à noter que le premier
coſté ayant eſté mis à l'ouuerture d'vn plan, ſi le coſté homologue de l'autre plan ne peut eſtre accommodé à l'ouuerture d'aucun nombre entier, il faudra
poſer ledit coſté du premier plan à l'ouuerture d'vn
autre nombre, pour veoir ſi on pourra éuiter les fractions. Exemple : Soient les deux figures planes

ABCD & EGHF : il
faut trouver la raiſon
qu'elles ont entr'el-
les. Ayant poſé le co-
ſté AD à l'ouuerture
du vingtieſme plan,
ie trouue que le coſté
homologue EF ne
peut conuenir à l'ou-

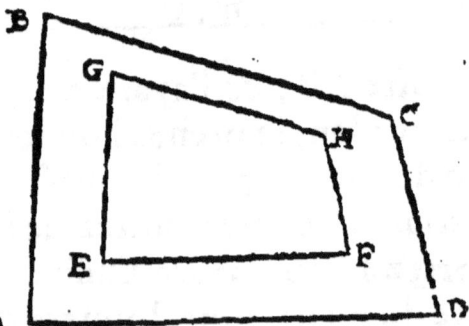

uerture d'aucun nombre entier, c'eſt pourquoy ie
poſe ledit coſté AD à l'ouuerture d'vn autre plan,&

puis encore d'vn autre, iusques à ce que l'ayant posé
à l'ouuerture du vingt-troisiesme, le costé EF correspond à l'ouuerture du huictiesme plan: ie dis donc
que les plans proposez ABCD, EGHF sont entr'eux
comme 23 à 8.

Or si laire de l'vne desdites figures estoit cogneu,
le contenu de l'autre seroit cogneu en la mesme maniere que dessus, (sinon qu'ils fussent si grands qu'ils
ne peussent estre pris sur le compas, car nous n'entendons parler en ce liuret des choses, ou la grandeur dudit compas, ny les nombres qui sont sur iceluy, ne peuuent atteindre qu'auec de tres grandes &
penibles subdiuisions,) sçauoir est mettant vn costé
de la figure dont laire sera cogneu à l'ouuerture du
nombre d'iceluy, moitié, tiers ou quart, &c. puis le
nombre, ou bien le double, triple ou quadruple, &c.
à l'ouuerture duquel correspondra le costé homologue de l'autre figure, monstrera laire d'icelle. Comme pour exemple, si l'aire ou capacité de la figure
ABCD est 256 toises, & qu'on vueille sçauoir le contenu de la figure semblable EGHF : ie prends le costé AD, & le porte à l'ouuerture du soixante-quatriesme plan, (qui est le quart de 256) puis ie prends
le costé homologue EF, & trouue qu'il correspond
à l'ouuerture de 22 & peu plus d'vn quart: ie dis donc
que laire ou superficie de ladite figure EGHF est peu
plus de 89 toises.

Prop. 31.

Estans donnees plusieurs figures planes semblables,
en construire vne autre aussi semblable
& egale à icelles.

AYant ouuert le compas de prop. à angle droict,
& porté sur la jambe d'iceluy deux costez ho-

mologues des deux premieres figures , l'ouuerture
d'entre iceux coſtez, donnera le coſté d'vne figure
égale à ces deux là, & ſi ce coſté trouué eſt auſſi transferé ſur la jambe, auec le coſté homologue de la troiſieſme figure, l'ouuerture d'iceux donnera le coſté
homologue de la figure égale à ces trois là , & transferant touſiours ſur la jambe le coſté trouué auec le
coſté d'vne autre figure, l'ouuerture d'iceux donnera
touſiours le coſté d'vne figure égale à toutes celles
dont on aura pris le coſté. Exemple: Qu'il faille trouuer vne figure égale & ſemblable à trois autres figures planes, dont les coſtez homologues ſont A, B, C.

Ayant ouuert le com- A ——————————
pas à angle droiɛt , ie
porte ſur la jambe les B ————————
deux coſtez A & B, & C ————— --
trouue que A contient
40 parties & B 30 : ie D ——————————
prends donc l'ouuerture d'entre ces deux nóbres 40
& 30, & la transfere ſur la jambe, comme auſſi le coſté C, & trouue 50 & 25: l'ouuerture d'entre leſquels
me donne la ligne D pour coſté homologue de la
figure requiſe , tellement que ſi on conſtruit ſur iceluy coſté vne figure ſemblable à l'vne des propoſees,
elle ſera égale à toutes icelles.

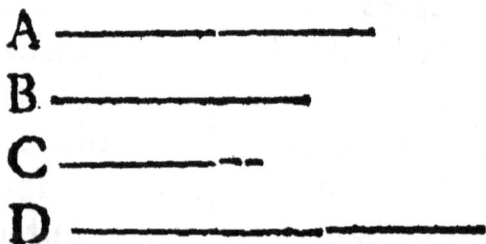

Le meſme coſté D ſera auſſi trouué ſur la ligne des
plans ainſi qu'il enſuit. Soit porté le premier coſté A
à l'ouuerture de quel plan on voudra, comme pour
exemple, à l'ouuerture du dixhuiɛtieſme plan : puis
ledit compas demeurant ainſi ouuert, ſoit pris le coſté B , & regardé à l'ouuerture de quel nombre il ſe
pourra accommoder, & ſoit au dixieſme; prenez auſſi le coſté C , & regardez pareillement à l'ouuerture
de quel nombre il conuiendra, & ſoit au ſeptieſme

Tous ces trois nombres à l'ouuerture desquels on a accommodé lesdits costez donnez A, B, C, soient adjoustez ensemble, & seront 35, l'ouuerture duquel plan donnera ledit costé D.

Prop. 32.

Estans données deux figures planes semblables & inegales, en trouuer vne troisiesme aussi semblable, mais égale à la difference des deux proposées.

AYant ouuert à angle droict le compas de prop. & porté sur la jambe d'iceluy vn costé de la moindre figure donnee, soit pris auec le compas cómun le costé homologue de l'autre figure, & posant l'vne des poinctes dudit compas sur le nombre ou se sera terminé le premier costé, l'autre poincte allant tomber sur l'autre jambe monstrera le costé homologue de la figure requise. Exemple: Qu'il faille trouuer vne figure égale à la difference de deux figures sembla-bles, dont les costez homologues sont A

A ——————

B ——————————

C —————————

& B. Apres auoir ouuert le compas de prop. à angle droict, ie porte le costé A sur la jambe, & trouuant qu'il se termine au nombre 36 de la ligne droicte, ie prends l'autre costé B, & pose l'vne des poinctes du simple compas sur l'vne des jambes audict nombre 36, quoy faisant l'autre poincte va tomber sur l'autre jambe au nombre 48, qui est le costé C, sur lequel si on descrit vne figure semblable à celle dont A & B sont costez homologues, elle sera égale à leur difference, c'est à dire que les figures semblables descrites sur A & C seront égales ensemble à celle descrite sur le costé B.

Le mesme costé C sera aussi trouué sur la ligne des plans, si ayant posé le plus-grand costé B à l'ouuerture de quelconque plan, comme pour exemple, à l'ouuerture du cinquantiesme; le nombre auquel conuiendra l'autre costé A, sçauoir est 18, estant osté du premier nombre 50; l'ouuerture du nombre restant 32, donnera ledit costé C.

Prop. 33.

Estant donné vn cercle; trouuer vne ligne droicte égale à la circonference d'iceluy.

EN ceste prop. & aussi en la suiuante, soit entendu selon la vulgaire tradition d'Archimedes, lequel a demonstré que le diametre du cercle, est à sa circonference presque comme 7 à 22; suiuant laquelle raison, si on pose le diametre du cercle proposé, à l'ouuerture de 7, (ou d'autre nombre multiple d'iceluy) l'ouuerture de 22 (ou d'vn autre nombre autant multiplice d'iceluy, comme celuy à l'ouuerture duquel on aura posé le diametre, le sera de 7) donnera vne ligne droicte égale à la circonference du cercle proposé; c'est à dire que si on pose le diametre à l'ouuerture de 63, l'ouuerture de 198, donnera la ligne requise, ou bien si on pose ledict diametre à l'ouuerture de 70, l'ouuerture de 110, donnera la moitié d'icelle ligne; mais le quart seulement, si on pose le semidiametre à ladicte ouuerture de 70.

Prop. 34.

Estant donné vn cercle; trouuer le costé d'vn quarré égal à iceluy.

D iiij

Ayant trouué par la preced. prop. vne ligne droicte égale à la moitié de la circonference du cercle proposé, soit trouuee par la 27 prop. la moyenne proportionnelle entre icelle ligne trouuee, & le
semidiametre : le quarré de laquelle moyenne proport. sera égal au cercle proposé. Ledict costé du
quarré est aussi la base d'vn triangle isoscelle, dont
les costez sont le semidiametre du cercle proposé, &
l'angle qu'ils comprennent d'enuiron 145 degrez 9'.
Parquoy ayant ouuert le compas de prop. d'vn angle de 145 deg. 9'. & porté le semidiametre du cercle
sur la jambe; l'ouuerture du poinct ou il se terminera, donnera ledit costé du quarré égal au cercle proposé. On aura encore ledit costé, si ayant mis ledict
semidiametre du cercle à l'ouuerture de 34 deg. 51'.
on prend l'ouuerture de 69 deg. 42'.

Prop. 35.

Estant donné vn corps, l'augmenter ou diminuer
selon vne raison donnee.

IL faut porter chasque costé du corps proposé sut
la ligne des solides à l'ouuerture du premier nombre de la raison donnee; puis prendre l'ouuerture de
l'autre nó-
bre d'icel-
le raison,
qui donne-
ra le costé
homolo-
gue au co-
sté pris: &
afin de des-
crire & for-

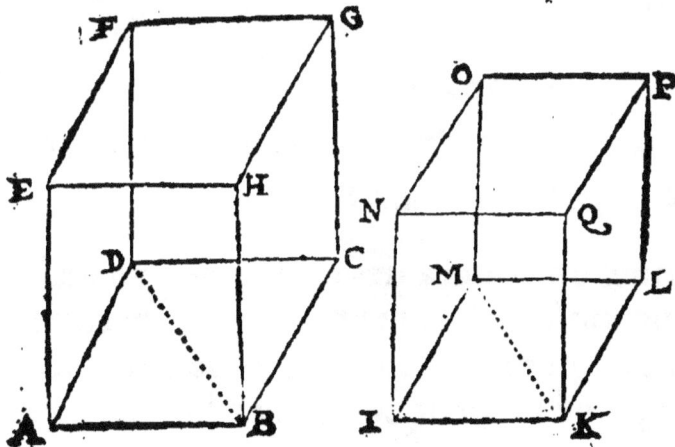

mer la figure semblable à la donnee, on prendra aussi les diagonales à ce necessaire. Exemple : Soit donné le parallelipipede ABCDEFGH ; & il en faut faire vn autre semblable auquel iceluy soit comme 5 à 3. Ie pose premierement la ligne AB à l'ouuerture du cinquiesme solide, & prenant l'ouuerture du troisiesme il me donne la ligne IK homologue à AB : mais posant chacune des autres lignes de la base ABCD, à ladicte ouuerture du cinquiesme solide, l'ouuerture du troisiesme donne les lignes KL, LM & MI, homologues à BC, CD & DA : & afin de construire la base IKLM semblable à la base ABCD, il est besoin de poser encore l'vne des diagonales BD à ladite ouuerture du cinquiesme solide : & l'ouuerture du troisiesme donnera la diagonale KM, auec laquelle seront descrits & formez les deux triangles IMK, KML semblables aux deux ADB, BDC. Portant semblablement tous les autres costez & diagonales du parallelipipede donné à la mesme ouuerture du cinquiesme solide, l'ouuerture du troisiesme donnera les costez & diagonales homologues du parallelipipe de IKLMNOPQ, lequel sera semblable au donné, & les ⅗ parties d'iceluy, ainsi qu'il estoit requis. Cecy est enseigné en la page 281 de nostre Geometrie pratique.

Prop. 36.

Estans donnez deux corps semblables, trouuer quelle raison ils ont entr'eux.

SOit pris lequel on voudra des costez de l'vn desdits corps proposez, & l'ayant mis à l'ouuerture de quelque solide, soit pris à l'autre corps le costé homologue, & regardé s'il peut conuenir à l'ouuerture

de quelque folide : & s'il conuient à quelqu'vn, le
nombre d'iceluy folide auquél il conuiendra, & celuy à l'ouuerture duquel aura efté pofé le premier
cofté, monftreront la raifon que les corps propofez
ont entr'eux : Que fi le premier cofté ayant efté mis
à l'ouuerture d'vn folide, le cofté du fecond corps, ne
peut eftre accommodé à l'ouuerture d'aucun nombre , il faudra derechef pofer le cofté du premier
corps à l'ouuerture d'vn autre folide: Exemple: Qu'il
faille trouuer la raifon qu'ont entr'eux deux corps,

A ——————————————— 10
B ——————————————— 7

dont A & B font coftez homologues. Ie prends donc
le cofté A , & le pofe à l'ouuerture du dixiefme folí-
de, puis ie prends auffi le cofté B , & regarde s'il peut
conuenir à l'ouuerture de quelque folide, & trouue
qu'il s'accorde à l'ouuerture du feptiefme folide : ie
dis donc que les corps dont A & B font coftez homologues, font entr'eux comme 10 à 7.

Or eftant propofé deux ou plufieurs corps femblables, le contenu & folidité de l'vn defquels foit
cogneuë, on cognoiftra le contenu des autres en la
mefme maniere que deffus, fçauoir eft mettant vn
cofté du folide dont le contenu eft cogneu à l'ouuerture du nombre d'iceluy, (ou bien de la moitié , tiers
ou quart, &c.) puis le nombre (ou bien le double, triple ou quadruple, &c.) à l'ouuerture duquel corref-
pondra le cofté homologue d'vn autre folide, monftrera le contenu d'iceluy. Ainfi le contenu du folide
dont A eft cofté eftant de 100 toifes, pour fçauoir la
folidité du corps femblable, dont B eft cofté homologue, ie pofe le cofté A à l'ouuerture du cinquan-

tiefme folide (qui eft moitié de 100) puis ie transfere le cofté B fur le compas, & trouue qu'il correfpond à l'ouuerture du trente-cinquiefme folide : ie
dis donc que le folide dont B eft cofté homologue à
A conticnt 70 toifes.

Prop. 37.

Eftans donnez plufieurs corps femblables, en con-
ftruire vn autre auffi femblable & égal
aux donnez.

AYant pofé quelconque cofté de l'vn defdits
corps propofez à l'ouuerture de quelcon-
que folide, foit regardé à l'ouuerture de quel folide
conuiendra chafque cofté homologue des autres
corps ; puis foient adjouftez enfemble les nombres
à l'ouuerture defquels auront efté accommodez les
coftez homologues de tous les corps propofez, &
ayant pris l'ouuerture du nombre prouenu de ladite addition, on aura le cofté homologue du corps
égal aux donnez, fur lequel il faudra conftruire ledit
corps femblable aux propofez. Exemple: Qu'il faille
conftruire vn corps femblable & égal à trois autres
femblables, A —————————————— 10
dót A, B, C, B —————————————— 5
font coftez C ————————— 3
homolo-
gues. Ayant D ——————————————— 18
pofé le co-
fté A à l'ouuerture du dixiefme folide, le cofté B tom-
be à l'ouuerture du 5, & le cofté C à l'ouuerture du
3 ; & partant les corps propofez font entr'eux comme 10, 5, & 3 ; & ces nombres eftans adjouftez enfemble, font 18 dont ie prends l'ouuerture, laquelle don-

ne la ligne D, pour cofté homologue du corps requis; tellement que fi on conftruit fur icelle ligne D
vn corps femblable aux propofez, il leur fera égal.
Cecy eft auffi enfeigné en noftre Geometrie pratique page 297.

Prop. 38.

Eftans donnez deux corps femblables & inegaux,
en trouuer vn troifiefme auffi femblable, &
égal à la difference des donnez.

A Yant pofé quelconque cofté de l'vn des corps
propofez à l'ouuerture de quelque folide que
ce foit, foit regardé à l'ouuerture duquel le cofté homologue de l'autre corps conuiendra; & ayant ofté
le moindre nombre du plus grand, foit pris l ouuerture du nombre reftant, qui donnera le cofté homologue du corps requis. Exemple : Qu'il faille trouuer
vn corps égal à la difference de deux corps, dont les
coftez homologues font A & B. Ayant pofé le cofté
A à l'ouuerture du
dixiefme folide, ie
trouue que le cofté
B, correfpond à
l'ouuerture du fi-
xiefme : l'ofte donc 6 de 10, & refte 4, dont ie prends
l'ouuerture, qui donne le cofté C, fur lequel ayant
conftruit vn corps femblable aux propofez, il fera
égal à la difference d'iceux.

A ——————————— 10
B —————————— 6
C ———————— 4

Prop. 39.

Eftant donné vn parallelipipede, trouuer le cofté
d'vn cube égal à iceluy.

IL faut trouuer vn moyen proportionnel entre les deux coftez de la bafe du parallelipipede ; puis foit trouué le premier de deux moyens proportionnaux entre le trouué & la hauteur du parallelip. propofé, lequel fera le cofté du cube requis. Exemple: Soit vn parallelipipe rectangle dont les coftez de la bafe font 14,54, & la hauteur 63 : Il faut trouuer le cofté d'vn cube égal à iceluy parallelipipede. Ie prends donc 54 fur la ligne droicte du compas de prop. & les porte à l'ouuerture du cinquante-quatriefme plan , puis ie prends l'ouuerture du vingt-quatriefme, qui portée fur la ligne droicte, donne 36 pour le moyen prop. lequel ie porte à l'ouuerture du trente-fixiefme foli-de; puis ie prends l'ouuerture du foixante-troifiefme (qui eft la hauteur du parallelip.)qui portée fur la li-gne droicte, donne peu plus de 43½ pour le cofté du cube égal au parallelipipede propofé.

Prop. 40.

Eftant donné le diametre d'vne Sphere; trouuer les coftez des cinq corps reguliers infcriptibles en icelle Sphere.

AYant pofé le diametre de la fphere à l'ouuertu-re du foixantiefme plan ; l'ouuerture du qua-rantiefme donnera le cofté de la pyramide ou tetrae-dre;du trentiefme, le cofté de l'octaedre;du vingtief-me, le cofté du cube ; & iceluy cofté eftant porté à l'ouuerture de la corde de 60 degrez,l'ouuerture de la corde de 36,donnera le cofté du dodecaedre;& ice-luy cofté eftant pofé à l'ouuerture de la corde de 72 degrez, l'ouuerture de 120, donnera le cofté de l'i-cofaedre. Exemple. La ligne droicte A foit le diame-tre d'vne Sphere : & il faut trouuer les coftez des

A ————————————

B ———— - ———— -

C ——— · ———— ··

D ——— ————

E ——— ———··

F ————————

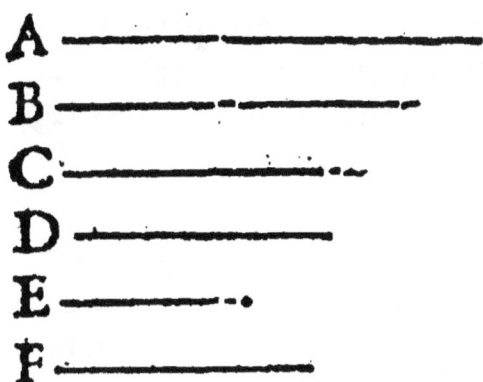

cinq corps reguliers in-
fcriptibles en icelle.
Ayant pofé le diame-
tre A à l'ouuerture du
foixantiefme plan, ie
prends l'ouuerture du
quarantiefme, qui don-
ne la ligne B, pour le
cofté du tetraedre :
mais l'ouuerture du trentiefme, donne C, pour le cofté de l'octaedre : & l'ouuerture du vingtiefme, donne D, pour le cofté du cube : lequel ie porte à l'ouuerture de 60 degrez, & prends l'ouuerture de 36,
qui donne E, pour le cofté du dodecaedre : & finalement ie pofe iceluy cofté à l'ouuerture de 72 degrez:
puis ie prends l'ouuerture de 120, laquelle donne F,
pour le cofté de l'icofaedre infcriptible en la Sphere
dont A eft le diametre.

Or il eft manifefte qu'eftant donné le cofté de l'vn
des cinq corps fufdits, on trouuera aifément, tant le
diametre de la fphere en laquelle il pourra eftre in-
fcript, que les coftez des autres quatre corps.

Prop. 41.

Comme il faut mefurer les lignes droictes, eften-
duës fur vne fuperficie plane.

TOut ce que nous auons maintenant à dire eft
enfeigné au fecond liure de noftre Geometrie
pratique, mais fi fommairement que i'eftime que le
lecteur ne trouuera mauuais, que ie repete icy & ex-
plique plus au lõg ce que i'ay dit en ce lieu là : & pour
y paruenir eft à noter que des lignes droictes, les vnes
font acceffibles du tout, comme font celles lefquel-

les on peut mesurer tout au long mechaniquement,
& sans aucun empeschement. Les autres sont seulement accessibles en partie, comme quand nous tou-
chons l'vne des extremitez d'icelles, & ne nous est
permis de passer à l'autre : & les autres sont inacces-
sibles du tout, comme quand elles sont esloignées de
nous, en sorte qu'il ne nous est possible ou permis de
les toucher ou approcher. Or la mesure de ces dernieres depend de la mesure des accessibles en partie,
& la mesure des accessibles en partie depend de la
mesure des accessibles du tout.

Si donc quelque ligne droicte, comme AB, esten-
duë sur quelque plan est
proposée à mesurer, & de
laquelle l'vn des extrê-
mes seulement soit ac-
cessible comme A, soit
disposé à iceluy extréme
le compas de proport. sur son pied AC : tellement
que la jambe fixe d'iceluy soit perpendiculaire à la
plaine horisontale : puis soit ouuert d'autre jambe iusques à ce que le rayon visuel passant par les trous des
pinnulles rencontre l'extremité B, & alors l'ouuerture d'iceluy compas nous donnera l'angle aigu C
du triangle rectangle ACB, duquel le costé AC nous
est cogneu : (car iceluy est le pied ou baston sur lequel nous posons le compas, qui doit estre de certaine mesure : comme pour exemple, nous posons iceluy baston de 5 pieds) & partant par la douziesme
prop. nous trouuerons le costé AB, c'est à dire la distance requise.

Mais est à noter que CA, qui est prise icy pour la
hauteur d'vn baston de 5 pieds, pourroit aussi estre
prise pour la hauteur de quelque tour, ou autre edi-

fice, du fommet duquel on voudroit mefurer la diftance qu'il y a du pied d'iceluy iufques à certain lieu
qu'on voit, & alors on auroit toufiours ledit angle C
cogneu, comme dit eft, & le cofté CA; (qui eft la
hauteur de la tour ou edifice, qui feroit cogneuë aueo
vne cordelette ou fiffelle à plomb) tellement que le
triangle ACB auroit comme deuant les angles cogneus auec vn cofté: & partant le cofté ou diftance
requife AB feroit trouuee par ladite douziefme propofition.

On pourroit encore mefurer ladite diftance AB
en cefte maniere: Ayant ouuert le compas de prop.
de quelconque angle, (neantmoins le droiĉt ou plus
approchant d'iceluy eft le plus certain) pofez-le fur
fon pied en A, tellement que l'vne des jambes aille
direĉtement vers B: puis foit enuoyé vn homme auec

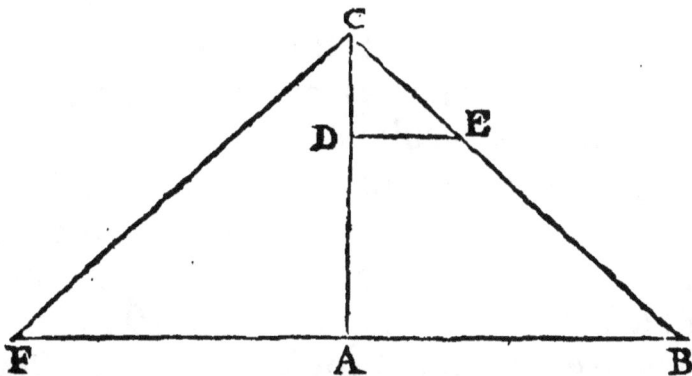

vn bafton ou piquet, felon le rayon vifuel de l'autre
jambe vers C, ou il plantera ledit piquet: la diftance
duquel poinĉt C depuis A, ledit homme doit mefurer: & fuppofons qu'elle foit de 50 verges. Ce faiĉt,
ledit compas demeurant ainfi ouuert, il le faut tranf-
porter en quelconque lieu de la ligne vifuelle AC,
comme en D, mefurant la diftance depuis A iufques
audit lieu D, que nous fuppofons eftre 33 verges: &
partant refteront 17 verges pour la diftance de D à
C;

C : auquel lieu D , difposez le compas en forte que l'vne des jambes foit felon la ligne AC : puis faictes qu'vn homme aille directement de C vers B, iufques à ce qu'il viéne à eftre veu par l'autre jambe du compas , comme en E : Ce faict mefurez la diftance DE, & fuppofé qu'elle foit de 15 verges : nous aurons donc les trois diftances ou coftez DC , DE & AC cogneus, fçauoir eft de 17 , 15 & 50 : partant le quatriefme cofté ou diftance AB fera trouuée d'enuiron 44 verges $\frac{1}{8}$ par la 4. propofition.

La mefme diftance AB fera auffi cogneuë en cette forte. Ayant ouuert le compas à angle droict, pofez-le à l'extremité A , en forte que par les pinulles de l'vne des jambes vous voyez au long de AB, & p^r celle de l'autre jambé, à l'infiny vers C : auquel lieu eftant tranfporté le compas, difpofez-le en forte que par l'vne des jambes vous voyez A , & par l'autre B ; puis le compas demeurant ainfi ouuert, difpofez-le tellement que par l'vne des jambes vous voyez derechef A , & faictes reculer directement vn homme felon BA , iufques à ce qu'il fe rencontre à la ligne vifuelle de l'autre jambe, comme en F ; & lors la diftance AF fera égale à la propofée AB : tellement que mefurant ladicte AF, on cognoiftra ladicte AB.

Soit encore propofé à mefurer ladicte diftance AB, ayant à fon extremité B, quelque chofe efleuée BC. Premierement à l'extremité A, difpofez le compas fur fon pied : tellement qu'il foit équidiftant à la plaine, & que nous voyons par les pinulles de la jambe fixe quelque

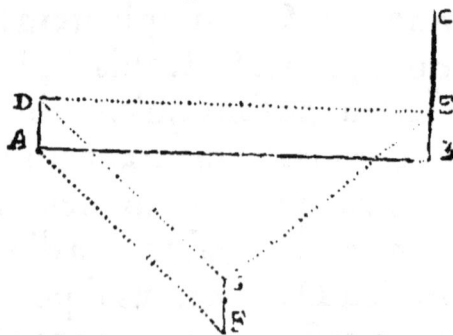

E

poinct en la hauteur BC , lequel poinct foit E : puis
foit ouuert la jambe mobile iufques à ce qu'on voye
quelque lieu où l'on puiffe faire vne feconde ftation,
comme FG,& alors foit veu de combien ledit compas eft ouuert : & pofons que ce foit de 50 degrez,
nous les retiendrons par memoire:puis laiffant quelque chofe en A,nous-nous tranfporterons au lieu de
la feconde ftation F,mefurant y allans la diftanceAF,
c'eft à dire DG , que nous pofons eftre 300 verges :
& là nous poferons derechef ledit compas de prop.
fur fon pied, qui fera FG : en forte qu'il foit équidiftant à la plaine, & que le rayon vifuel paffant par les
pinulles de la jambe fixe rencontre la hauteur AD
laiffée à la premiere ftation:puis cefte jambe demeurant fixe, foit ouuerte l'autre jambe iufques à ce que
le rayon vifuel paffant par les pinulles d'icelle, rencontre la hauteur BC en E, remarqué par la premiere ftation : & alors foit veu de combien de degrez fera ouuert ledit compas que nous pofons eftre de 95
degrez. Maintenant nous font cogneus deux angles,
& vn cofté du triangleDGE,fçauoir eft l'angle EDG
de 50 degrez,& l'angle DGE de 95:mais le cofté DG
de 300 verges:& partant par la douziefme prop.nous
trouuerons peu plus de 521 verges pourle cofté DE
ou AB.

Soit derechef pro-
pofée à mefurer ladi-
te diftance AB, ayant
à fon extremité B la
hauteur BC , efleuée
perpendic. fur la plai-
ne. Soit pofé ledict
compas de prop. fur

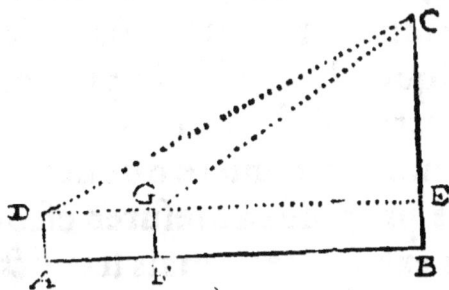

fon pied en A : tellement que la jambe fixe foit paral-

Iele à la plaine, puis nous hausserons l'autre jãbe iuſques à ce que le rayon viſuel paſſant par les trous des
pinulles d'icelle jambe, rencontre le ſommet C, &
alors nous regarderons de cõbien de degrez ſera ouuert ledit cõpas:& ſuppoſons que ce ſoit d'ẽuiron 24
deg. Ce faict nous nous reculerons ou aduancerons
directement en F, que nous poſons eſtre diſtant de
A par 120 verges:& là ayant poſé comme deuant no-
ſtredit cõpas, nous obſeruerons quelle ſera l'ouuerture d'iceluy, voyant par les pinulles de la jambe
mobile le ſommet C : & ſuppoſons qu'icelle ouuerture ſoit de 30 degrez, nous aurõs donc l'angle DGC
de 150 degrez, & partant deux angles & vn coſté du
triangle DCG nous ſeront cogneus : Donc par la
douzieſme prop. nous trouuerons pour le coſté GC
preſque 467 verges. Maintenant donc au triangle rectangle GCE, nous ſont cogneus l'angle aigu EGC,
& le coſté GC: parquoy par ladicte douzieſme prop.
on trouuera enuiron 404 $\frac{2}{5}$ verges pour le coſté GE
ou FB ſon égal; auquel eſtant adjouſté AF, (d'autant
que nous nous ſommes aduancez à la deuxieſme ſta-
tion : car lors qu'on recule il ne faut rien adjouſter)
nous aurons pour toute la diſtance AB 524 $\frac{2}{5}$ verges
comme deuant.

Que ſi nous ne pouuons voir l'extremité de la
choſe propoſée à meſurer, à cauſe de quelque obſta-
cle qui eſt entre nous & ladite extremité, ains ſeulement le ſommet de quelque choſe eſleuée perpendiculairement à ladicte extremité, nous ſçaurons
auſſi icelle diſtance en la meſme maniere que deſſus.

Iuſques icy la diſtance propoſée à meſurer eſtoit
acceſſible en l'vne de ſes extremitez, mais ſi ladicte
diſtance eſtoit du tout inacceſſible, pour la meſurer
il faudroit trouuer la diſtance iuſques à l'vne & l'au-

tre extremité, par l'vne ou l'autre maniere enseignée
cy-dessus, puis obseruer quel angle se faict regardant
icelle extremité: quoy faict, seront cogneus deux costez d'vn triangle auec l'angle qu'ils comprennent;
& partant par la quatorzielme prop. le troisielme
costé, qui est la longueur proposée à mesurer sera
trouuée. Ain-
si estant pro-
posé à mesu-
rer la distan-
ce inacceffi-
ble AB, ie po-
se le compas
sur son pied
en C, & le dispose en sorte que ie voye par les pinulles de la jambe fixe, quelque lieu d'où ie puisse veoir
les extremitez A & B, & par l'autre jambe l'extremité A, afin d'auoir l'angle ACD, que nous supposons estre de 120 degrez ; puis nous fermerons la
jambe mobile iusques à ce que l'extremité B soit
veuë par les pinulles d'icelle, afin d'auoir l'ã-gle BCD,
que nous supposons estre de 40 degrez ; & partant
ACB est de 80. Ces angles là estans ainsi obseruez, &
mis en memoire, nous irons au lieu de la seconde station D, mesurant en y allant la distance CD, que
nous posons estre de 50 verges ; auquel lieu D nous
poserons le compas sur son pied , & obseruerons
comme en C, les angles CDB & ADB, que nous
supposons estre de 110 & 42 degrez : donc le triangle ACD, a les deux angles DCA & ADC cogneus,
auec le costé CD , & partant par la douzielme prop.
le costé AC sera trouué d'enuiron 108¼. Pareillement le triangle CBD a les deux angles CDB &
BCD cogneus auec le costé CD; parquoy on trou-

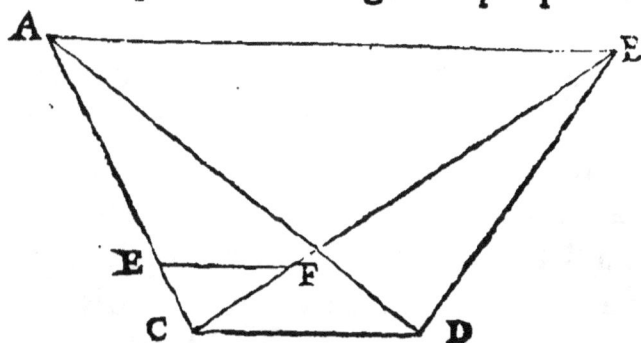

uera par la mefme prop. que le cofté CB, qui fait angle auec AC, eft peu moins de 94. Maintenant le triangle ABC a les deux coftez AC, BC, cogneus, auec l'angle ACB, qu'ils comprennent, & partant par la quatorziefme prop. l'autre cofté AB, qui eft la diftance propofée à mefurer, fera trouuée d'enuiron 130½.

Mais eft à noter qu'ayant mefuré la diftance de C à A & B, fi on prend fur CA autant de pieds (ou autre moindre mefure) qu'on aura trouué de verges depuis C iufques à A, & fur CB autant qu'on en aura trouué iufques à B, il y aura autant de pieds depuis vn terme iufques à l'autre, que de verges depuis A iufques à B : parquoy ayant trouué que CA eft prefque 94 verges, & CB 108½, fi on prend fur CA, la diftance CE de 94 pieds, demy pied, ou quart de pied, & fur CB, l'efpace CF de 108½ pieds, demy pieds, ou quarts de pieds, felon la mefure dont on s'aura aydé en CE; mefurant actuellement la diftance EF auec la mefme mefure, on en trouuera 130½ : & autant de verges contiendra la diftance AB propofée à mefurer.

Or fi ladicte diftance AB n'eftoit fort longue, & que l'on puiffe reculer tant qu'on voudra, on pourroit encore proceder ainfi : Ayant ouuert le compas de prop. de 20, 30, ou 40 degrez, &c. approchez-vous, ou reculez de ladicte diftance AB, fi longuement que vous puiffiez voir par les pinulles des deux jambes du compas les extremitez A & B ; puis fermez la jambe mobile du compas iufques à ce que l'angle dont il auoit efté ouuert, foit diminué de moitié, afin d'auoir vne ligne vifuelle qui couppe ledit angle en deux également, laquelle ligne vous marquerez auec deux perches ou picquets, afin de

E iij

pouuoir reculer directement selon icelle, iusques à
ce que derechef vous puissiez veoir par les pinulles
des deux jambes du compas les extremitez A & B,
ledit compas estant au prealable ouuert d'autant de

Pr. station.	Seconde station.	
Degrez,	Deg.	Minuttes.
20	14.	50.
30	19.	48.
40	23.	48.
50	27.	8.
60	30.	0.
70	32.	32.
80	34.	48.
90	36.	52.
100	38.	48.

degrez qu'il y en a de
marquez en ceste ta-
blette, vis à vis de ceux
de l'angle de la premie-
re station, & alors la distance de la premiere
observation, iusques à
ceste seconde, sera égale
à la distance AB propo-
sée à mesurer.

Nous adjousterons
encore icy, que si on
veut mesurer les distan-
ces de plusieurs lieux
veuz à l'entour de soy,
comme si de A où nous

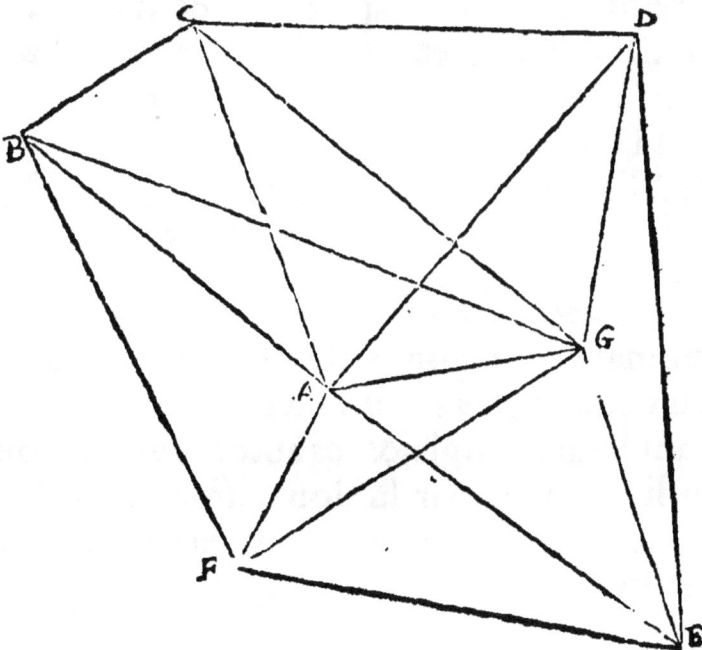

fommes, on vouloit trouuer les diftances iufques
aux cinq lieux B, C, D, E, F, & auffi les diftances de
l'vn à l'autre, le plus prompt moyen eft tel.

Soit premierement aduifé quelque lieu, comme
G, commode pour faire vne feconde ftation : puis
foit difpofé le compas de proportion fur fon pied,
tellement que la jambe fixe foit directement vers ladicte feconde ftation G : ce fait, foient regardez par
les pinulles de la jambe mobile tous les lieux que
nous pourrons voir, fçauoir eft B, C, D, E, F, obferuant quel angle fe fera à chaque veuë, lefquels angles nous mettrons par memoire ainfi qu'il appert
cy-deffous. Ce faict, nous irons au lieu de la feconde
ftation, mefurant la diftance d'icelle, & là nous dif-
poferons ledit compas de proportion, en forte que
la jambe fixe regarde directement la premiere ftation : puis nous regarderons derechef par les pinulles
de la jambe mobile tous lefdits lieux, obferuant les
angles, lefquels nous mettrons auffi par memoire,
comme il enfuit.

Premiere ftation	Seconde ftation.
GAB 130 degrez	AGB 29 degrez
GAC 100.	AGC 45.
GAD 40.	AGD 102 ½
GAF 122	AGF 23
GAE 45 ½	AGE 95

Diftances des ftations AG 60 verges.

Maintenant nous auons cinq triangles, de chacun
defquels deux angles & vn cofté nous font cogneus,
& partant l'autre angle & les autres coftez nous feront auffi cogneus par la douziefme prop. lefquels
angles & coftez nous trouuerons eftre enuiron tels
qu'ils enfuiuent.

E iiij

Angles.		Coſtez.	
ABG	21 degr.	AB	$81\frac{1}{6}$ verges
		BG	$128\frac{1}{4}$
ACG	35	AC	74
		CG	103
ADG	$37\frac{1}{2}$	AD	$96\frac{1}{4}$
		GD	$63\frac{1}{3}$
GFA	35	AF	$40\frac{9}{10}$
		GF	$88\frac{1}{4}$
AEG	$39\frac{1}{2}$	AE	94
		GE	$67\frac{2}{7}$

Nous auons donc trouué les diſtances de A iuſques aux cinq lieux B, C, D, E, F, & partant ne reſte plus qu'à trouuer les diſtances d'entre chacun deſdits lieux, leſquelles nous trouuerons par la quatorzieſme prop. Car nous auons maintenant de tous les triangles, dont leſdites diſtances font les baſes, deux coſtez, & l'angle qu'ils comprennent cogneus.

Prop. 42.

Comme il faut meſurer les hauteurs perpendiculairement eſleuées ſur l'horiſon.

Soit propoſée à meſurer la hauteur BC, perpendiculairement eſleuée ſur la plaine. Soit poſé en A, où nous ſommes, le compas de prop. ſur ſon pied, tellement que la jambe fixe ſoit parallele à la plaine; puis ſoit hauſſée la jambe mobile, iuſques à ce que

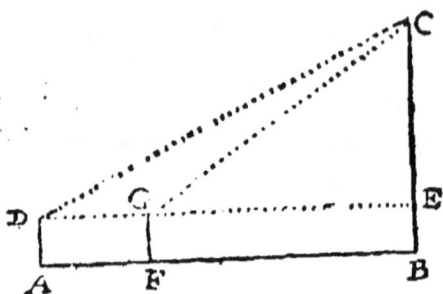

nous voyons par les pinulles d'icelle le sommet C, & alors soit veu de combien sera ouuert ledict compas de proport. que nous supposons estre d'enuiron 24 degrez. Ce faict soit mesuré actuellement la longueur de A iusques à B, (si faire se peut) & supposons icelle distance estre de 524 ⅔ verges: maintenant nous auons vn costé & vn angle aigu du triangle rectangle DCE (car AB & DE sont égaux,) & partant par la douziesme prop. sera trouué le costé EC d'enuiron 233 verges & ½, auquel estant adjoustée la hauteur du pied du compas, nous aurons 235 verges pour toute la hauteur BC proposée à mesurer.

Que si pour quelque empeschement d'eau, maisons, ennemis ou semblables choses, on ne peut mesurer actuellement la distance de A iusques en B, nous-nous reculerons ou aduancerons directement, comme iusques en F, mesurant actuellement la distance de A iusques audict lieu F ; & là nous ferons vne seconde station : & trouuant que l'angle d'icelle station, sçauoir est l'angle EGC, est de 30 degrez, son complement DGC sera de 150, & partant nous auõs les deux angles GDC, EGC du triangle DCG, & le costé DG cogneu; c'est pourquoy par la douziesme prop. le costé GC sera trouué d'enuiron 467 verges. Nous auons donc maintenant au triangle rectangle GCE, le costé GC, & l'angle aigu EGC cogneus : & partant par la mesme prop. nous trouuerons le costé CE d'enuiron 233 ½ verges comme dessus : auquel adjoustant la hauteur du pied du compas, nous aurons toute la hauteur BC propofée à mefurer.

Que fi la hauteur d'vne tour, ou autre edifice conſ-
ſtruict au ſommet de quelque montagne eſtoit requiſe, il faudroit meſurer tant la hauteur de la montagne, que celle de la tour & montagne enſemble;
puis ſouſtraire la moindre hauteur de la plus grande, & reſteroit la hauteur de la tour : & ainſi on ſçau-
ra de combien vne choſe eſt plus haute qu'vne autre.

Que fi le compas eſtant ouuert d'vn des angles
contenus en la precedente tablette, on le poſe en
lieu d'où l'on puiſſe veoir E & C par les pinulles, &
puis on recule ſelon EG, iuſques à ce que le compas
eſtant ouuert du ſecond angle, on apperçoiue derechef leſdits poincts E & C ; alors la diſtance des ſta-
tions ſera égale à la hauteur EC.

Prop. 43.

Comme il faut meſurer les lignes droictes abbaiſ-
ſées perpendiculairement au deſſous
de l'horiſon.

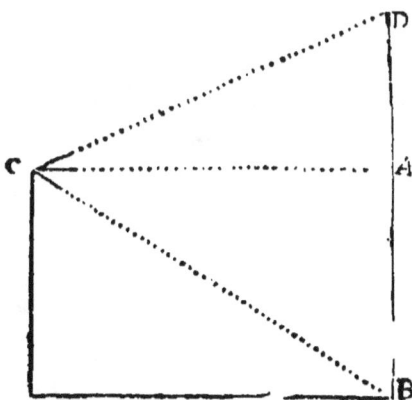

SOit propoſée à meſu-
rer la longueur AB,
abbaiſſée perpendiculai-
rement au deſſous de l'horiſon. Soit trouuée par la
quarantevnieſme prop. la
longueur CA, & poſons
qu'elle ſoit de 40 pieds :
en apres, ſoit obſerué de
combien eſt l'angle ACB,
& poſons qu'il ſoit de 40 degrez ; maintenant nous

auons vn cofté & vn angle aigu du triangle rectangle BCA cogneus:& partant par la douziefme prop.
nous trouuerons que la profondeur AB , propofée à
mefurer eft enuiron 33 $\frac{5}{11}$ pieds.

Prop. 44.

Comme il faut mefurer les lignes droictes perpen-diculairement efleuées & deprimées conioinctement.

SOit propofé à mefurer la hauteur BD, (*en la prece-dente figure*) le fommet de laquelle eft au deffus du
plan où eft C, mais le pied d'icelle eft au deffous du-
dict plan C, où nous fommes. Soit premierement
mefuré par la quarãte-deuxiefme prop. ce qui eft au
deffus de l'horifon, fçauoir eft AD, que nous pofons
eftre de 20 pieds : puis par la precedente prop. foit
mefurée AB, qui eft deprimée au deffous de l'horifon, que nous pofons eftre 33 $\frac{5}{11}$ pieds : & finalement
foient adjouftées enfemble icelles AD, AB, & nous
aurons 53 $\frac{5}{11}$ pieds pour toute la hauteur BD propofée à mefurer.

Prop. 45.

Mefurer les lignes droictes penchantes au long de quelque montagne ou autrement.

SOit propofée à me-
furer la ligne droi-
cte penchante BC, c'eft
à dire qui n'eft horifon-
tale ny perpend. à l'ho-
rifon. Soit imaginé le

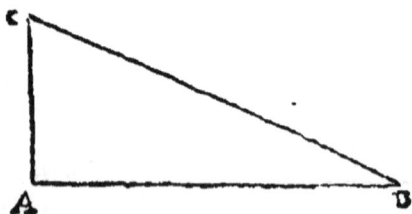

poinct C, le sommet de quelque hauteur perpend.
esleuée sur la plaine, où est l'extréme B : & par les
precedentes prop. soient trouuées les longueur AB
& hauteur AC, que nous supposons estre de 80 &
60 pieds : & soient adioustez ensemble les deux quarrez de ces deux nombres, qui feront 10000 dont la
racine quarree, sçauoir est 100 donnera la quantité
de BC proposée à mesurer.

La mesure desdites lignes penchantes, sera aussi
trouuée sans mesurer la hauteur perpendiculaire,
ains faisant deux stations, comme si on vouloit mesurer vne distance horisontale.

Prop. 46.

Comme il faut prendre, & leuer le plan de quel-
que place, ou autre lieu, pour en faire
carte & description.

SOit vne place, champ, ou autre chose BCDEF,
dont il faut prendre & rapporter le plan sur le
papier. Premie-
rement, si le lieu
permet qu'on
puisse mesurer a-
ctuellement, tant
châque costé d'i-
celle figure, que
les diagonales,
soient mesurées
icelles, & suppo-
sons que BC soit

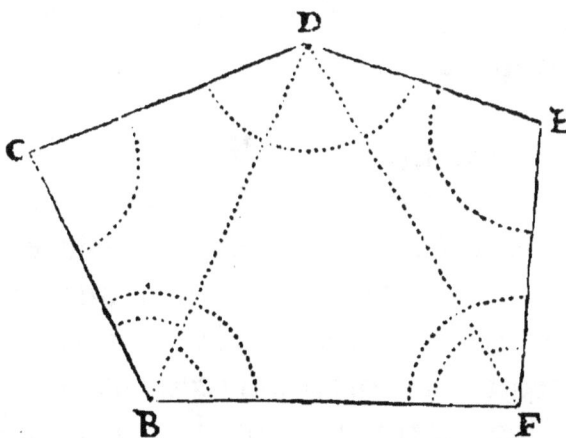

de 46 verges, CD de 50, DE de 40, EF de 47, & BF
de 60 ; mais les diagonales BD de 65, & DF de 69 :

Maintenant il faut rapporter au petit pied ladicte
place selon lesdites mesures, & pour ce faire, soit pris
sur la ligne droicte du compas la longueur & quanti-
tité du costé BF, sçauoir est 60, & faict BF de ceste
grandeur; puis soit aussi pris sur ledit compas la grandeur & quantité des deux diagonales, sçauoir est 65
& 69, auec lesquelles, des poincts B & F, soient descrits deux arcs de cercle qui s'entrecouppent en D:
soit aussi pris sur le compas la grandeur des costez
BC, CD, sçauoir est 46 & 50, auec lesquels, des
poincts B & F, soient descrits deux arcs de cercle s'entrecouppans en C; duquel poinct soient menées des
lignes droictes és poincts B & D: Soit encores pris
sur ledict compas la grandeur & quantité des costez
DE, EF, auec lesquels soient descrits, des poincts D
& F, deux arcs de cercle s'entrecouppans en E; auquel poinct, ayant mené des lignes droictes de D &
F, sera paracheué la figure BCDEF, conforme &
proportionnelle à la grande proposée. Ainsi doit-on
prendre le plan de quelconque lieu proposé, & le
rapporter au petit pied, si on peut mesurer actuellement auec vne chesne, verge, toise ou autre mesure,
chasque costé dudict lieu, & aussi les diagonales menées de l'vn des angles de la place à tous les autres
opposez.

2. Si on ne pouuoit mesurer actuellement les diagonales, mais seulement les costez & les angles, il
faudroit rapporter ledit plan, comme il a esté enseigné en la proposition. Mais est à noter, qu'ayant obserué tous les angles de la figure, il les faut adiouster
ensemble, afin de veoir, si la somme d'iceux s'accorde au nombre des degrez que vallent deux fois autant d'angles droicts, qu'il y a de costez, ou d'angles,
en la figure proposée, deux ostez, suiuant ce que

nous auons enseigné au Scholie de la 32. p. 1. d'Eu-
clide ; tellement que si ladite somme des angles obseruez, ne correspond à la valeur desdits angles droits
de la figure, il y a erreur en l'obseruation, & partant
on doit derechef obseruer lesdits angles. Et afin d'au-
cunement preuenir lesdites fautes & erreurs, ie vou-
drois diminuer les angles de la figure (si faire se peut)
par le moyen des diagonales, comme icy, ayant posé le compas en
B, ie prends les
angles CBD,
DBF ; & aussi
CBF, qui doit
estre égal à la
somme de ces
deux-là ; ce que
ayant trouué, ie
prends la mesu-
re des costez CB
& BF ; puis ie pose le compas en F, & prends les angles BFD, EFD, & aussi BFE, qui doit estre égal à la
somme d'iceux ; & ainsi consecutiuement des autres :
tellement que par le moyen des angles DBF, DFB,
descrits sur BF, le poinct D sera trouué beaucoup
plus exactement, qu'auec les angles entiers. Ainsi
par le moyen du costé BF seulement, & des angles
obseruez és poincts B, F & D, on pourroit auoir le
plan de ladicte figure ; voire mesme auec seulement
les deux angles DBF, DFB, & tous les costez : car
ayant descrit lesdits angles sur BF, si des poincts B
& D, on descrit des arcs s'entrecouppans de l'interuale des costez BC, CD, on aura le poinct C ; & le
poinct E, descriuant de D & F, deux arcs de l'interuale DE, FE.

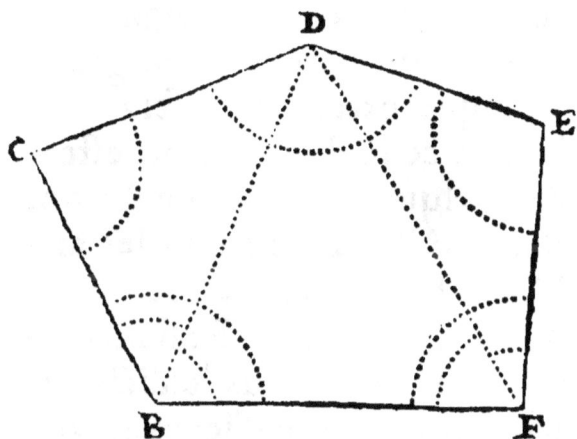

3. Que s'il y auoit quelque lieu au dedans de la place, duquel on peut veoir tous les angles d'icelle, & aussi mesurer actuellement les distances dudict lieu, iusques à chacuns desdits angles, on pourroit aussi par le moyen de ce, representer & rapporter au petit pied ladicte place : car ayant observé quels angles se forment par les lignes visuelles allans dudict lieu à chacuns des angles de la place, & mesuré actuellement icelles lignes, si on rapporte sur le papier tous lesdicts angles observez, & faict chasque ligne d'iceux égale à la mesure & quantité trouuée: joignant par lignes droictes chaique extremité, sera formé vne figure semblable à celle dont le plan estoit requis. Ainsi, ayans de quelque lieu, comme A, qui est au dedans de la place BCDEF, observé les angles BAC, CAD, DAE, EAF, FAB, & mesuré actuellement les lignes AB, AC, AD, AE, AF : si on rapporte à vn poinct pris sur le papier tous lesdicts angles observez, & faict chasque ligne d'iceux angles AB, AC, AD, AE & AF, de la quantité qu'elle aura esté trouuee sur le champ : ayant joinct les extremitez d'icelles lignes, par les lignes BC, CD, DE, EF & FB, on aura la figure pentagonale correspondante & proportionnelle à celle veuë en la campagne. Que si on ne pouuoit mesurer actuellement lesdictes lignes visuelles, mais bien veoir lesdicts angles de deux lieux, dont on peut mesurer la distance, comme A & G: il faudroit à chacun d'iceux, observer les angles qui s'y forment, regardant chacun desdicts angles de la place, ainsi que nous auons dict en la quarātevniesme prop. puis rapporter sur vne ligne droicte de telle grandeur qu'aura esté trouuee la distāce des stations, tous lesdits angles observez, & où lesdictes lignes s'iront entrecoupper, ce sera le poinct

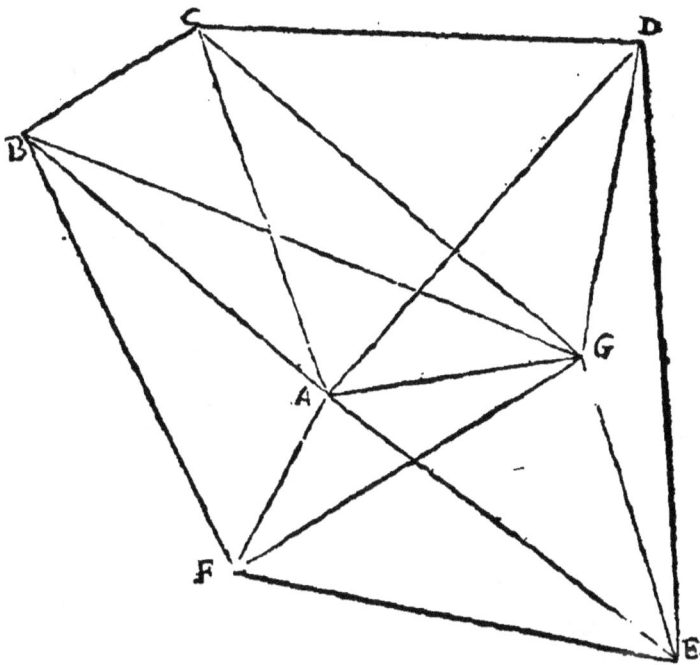

de chafque angle de la place : Comme icy ayant pris
fur le compas, la ligne AG d'autant de parties qu'elle aura efté trouuee contenir de verges ou toifes fur
le champ : fi on faict fur icelle les deux angles BAG,
AGB , chacun égal à celuy de l'obferuation faicte
fur le lieu, l'interfection des lignes AB, GB, fçauoir
le poinct B, monftrera le poinct correfpondant à celuy veu fur le champ, faifant lefdits deux angles : &
faifant ainfi confecutiuement des autres angles , on
aura tous les poincts B, C, D, E & F, lefquels eftans
joincts par les lignes BC, CD, DE, EF, & FB, fera
formé fur le papier la figure pentagonale BCDEF
femblable à la propofee fur le champ. Mais fi nous
ne pouuons veoir tous les angles de la place, des deux
lieux ou ftations A & G, pris en quelque endroit que
ce foit dans ou hors la place, nous en prendrions trois
ou quatre, felon qu'il en feroit befoing.

4. Soit encore propofé à faire la carte & defcription
d'vne place ABCDEFGH, les coftez de laquelle on
peut

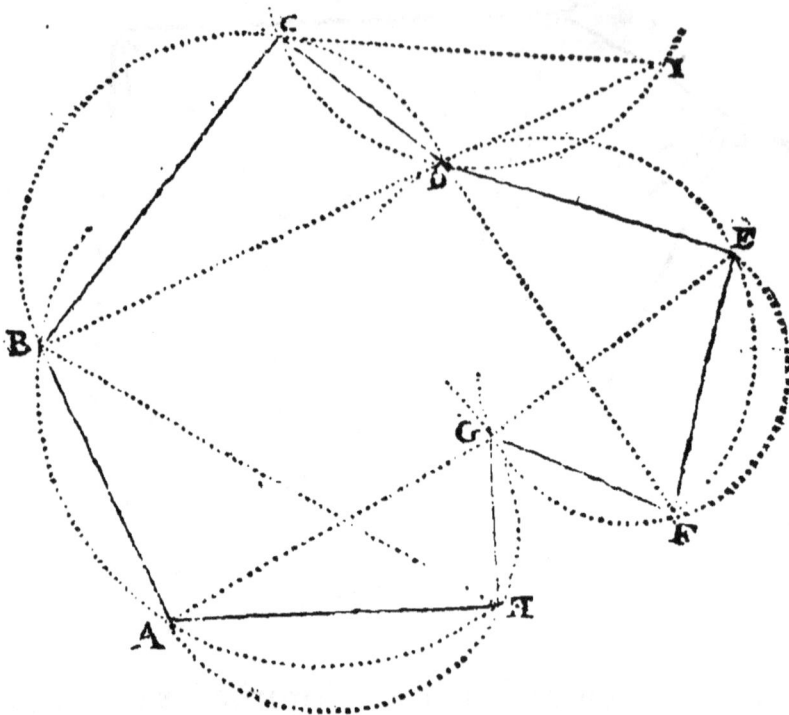

peut bien mefurer, mais non tous les angles, ains feulement HGF, ABH, AGH, FGE, & FDE. Premierement foit prife fur le compas vne ligne droicte AH
d'autant de parties qu'elle en contient fur le champ;
puis fur icelle foit faict la fection de cercle BAH capable d'vn angle égal à l'angle obferué ABH, & vne
autre AHG, capable d'vn angle égal à AGH, efquelles fections foient accommodees les lignes AB, HG,
égales aux coftez homologues mefurez fur la place;
de mefme façon, fe pourrôt auffi trouuer les poincts
G, F, E, D, fur vn papier à part, & puis apres les rapporter icy, faifant l'angle HGF égal à fon correfpondant obferué fur le champ : Mais lefdicts poincts
G, F, E, D, feront plus promptement trouuez, fi ayant
faict ledict angle HGF, & la ligne GF, de fa vraye mefure & quantité, on defcrit fur icelle l'angle FGE égal
à fon correfpondant de la place, tirant GE indeter-

F

minément , afin que pofant FE felon fa mefure &
quantité,elle la puiffe entrecoupper en E : & defcri-
uant fur icelle FE, vne fection DEF capable de l'angle FDE égal à fon correfpondant, & pofé ED de la
grãdeur trouuee fur le champ, on aura par ce moyen
la carte & defcription des poincts B,A,H,G,F,E,D; lefquels on pourroit encore auoir par la defcription
des triangles femblables; car il fe forme confecutiuement vn triangle ayans deux coftez cogneus,& vn
angle oppofé; & partant on peut trouuer l'autre cofté, auec lequel & celuy adjacent à l'angle cogneu,
fi on defcrit deux arcs des extremitez de l'autre cofté, ils s'entrecoupperont au poinct dudit angle cogneu : Comme pour exemple ; voulant marquer le
poinct B , ie confidere que le triangle ABH à les deux
coftez AB,AH cogneus, auec l'angle ABH; & partant
ie trouue par la quinziefme prop. le cofté BH, auec
lequel du poinct H, ie defcris vn arc, mais du poinct
A,& interuale AB vn autre arc,qui couppe le prece-
dant en B : & ainfi confecutiuement feront trouuez
chacun des autres poincts G , E , D. Soit donc qu'on
procede par l'vne ou l'autre maniere , il ne reftera
plus à marquer que le poinct C , lequel on aura par
l'interfection des arcs defcris des poincts B, D, & in-
teruales des coftez BC, DC. Que fi le lieu ne permet-
toit de mefurer les coftez BC, CD, mais bien BD, laquelle on peut prolonger, & mefurer iufques en I,
& obferuer du poinct C , les angles BCD, DCI; pour
marquer le poinct C, il faudroit fur BD, faire vne fection BCD,capable de l'angle BCD obferué; & fur DI
vne autre fection CDI , capable de l'angle obferué
DCI , laquelle fection coupperoit la precedente au
poinct requis C, auquel tirant les lignes BC,CD,feroit
formee la figure octogonale ABCDEFGH femblable
à la propofee.

Il appert donc qu'on peut deſcrire vn triangle duquel on ne peut meſurer qu'vn coſté, auec quelque
prolonguement d'iceluy, & obſeruer les deux angles
oppoſez : & eſt la meſme conſtruction que celle du
90 de nos prob. geometriques, lequel enſeigne à
trouuer en vne carte vn poinct duquel eſtans menees
trois lignes droictes à trois poincts marquez en icelle, faſſent deux angles égaux à deux propoſez : Ce qui
ſert grandement lors que faiſant les approches d'v-
ne ville, on voit de la campagne trois poinctes de baſtions, tours, ou autres lieux éminens qui ſont en ladite ville, & marquez au plan que vous en auez ; car
par vne ſeule ſtatiō vous recognoiſtrez en voſtre carte & deſcription du lieu, en quel endroict vous eſtes ;
& par conſequent la diſtance qu'il y a de vous iuſques à quelconque lieu de la place.

5. Que s'il y auoit quelque ligne courbe, comme
tours ou autres edifices ronds, le plus commode ſeroit de prolonger les courtines ou murailles qui vont
en ligne droicte, par le moyen des rayons viſuels,
iuſques à ce qu'iceux rayons s'entrecouppent, à laquelle interſection ſera poſé vn baſton ou piquet, &
meſuré ledict prolonguement, comme les autres
coſtez, ainſi qu'il appert en ceſte autre place
ABCDEFGHIKLMNOP, en laquelle les coſtez
PA, & CB, ſont prolongez iuſques au poinct de rencontre Q ; pareillement les coſtez BC, GF, en T ;
FG, KI, en H ; I K, N M en Z ; & MN, AP, en & ; tellement que la figure propoſee ſera par ce moyen re-
duite au quadrilaterre HTQZ ; & partant aiſé à rapporter au petit pied, comme on voit en la figure 2,
en laquelle le quadrilaterre h t q z eſt ſemblable à
iceluy HTQZ : & pour rapporter les tours ou autres
lignes courbes, comme ASB, ſoit meſuré ſur le pro-

longement AQ telle diſtance qu'on voudra AR;
puis le compas eſtant ouuert à angle droict, poſez-le
au poinct R en ſorte que l'vne des jambes s'accorde
ſur PAQ, & l'autre aille vers S, afin d'auoir vne
perpendiculaire RS, laquelle eſtant meſuree, ſoit

faict *ar* & *rs*, d'autant de parties du compas qu'auront
eſté trouuez AR, RS : quoy faict, ſoit deſcrit par les
trois poincts *asb*, l'arc de cercle *asb*, qui ſera ſemblable à l'arc ASB. On pourroit encore rapporter ledict arc, meſurant la corde d'iceluy AB, puis vne perpendiculaire eſleuee ſur le milieu d'icelle, par le
moyen deſquelles deux lignes meſurees, on aura
trois poincts, ſur leſquels on deſcrira l'arc propoſé:
ou bien on trouuera le ſemidiametre d'iceluy arc,
comme nous auons enſeigné au chap. 7. de noſtre
Geomet.pratiq. Si on ne pouuoit proceder par l'v-
ne ny l'autre de ces deux manieres, pour auoir trois
poincts en l'arc propoſé, il faudroit au poinct A, poſer le compas de prop. ouuert à angle droict, pour
meſurer quelque perpendiculaire de telle longueur,
que de l'extremité d'icelle ♉, on puiſſe eſleuer &

mesurer vne autre perpendic. qui aille rencontrer
ledit arc en quelque poinct, comme pour exemple
en γ ; Semblablement si on ne pouuoit prolonger
PA & CB, iusques au rencontre Q, il faudroit prolonger ladicte perpendic. Aʊ, iusques à ce que on
peust voir le poinct B par l'angle droict. On pourra
proceder de mesme façon pour rapporter la tour
FEDC ; sçauoir est esleuant la perpendiculaire FV,
de telle longueur que de l'extremité d'icelle V, on
puisse tirer à icelle vne autre perpendic. VX, qui
touche la tour au poinct E, & de telle longueur que
de l'extremité d'icelle X, on puisse mener derechef
vne perpendic. XY, qui touche aussi ladicte tour en
D, & de telle longueur que de l'extremité d'icelle Y,
on puisse aussi veoir le poinct C, par l'angle droict :
tellement que toutes ces lignes FV, VX, XY, & YC
estans rapportees selon leur mesure au petit plan ⅏ ;
& aussi les poincts d'attouchement E, D, on pourra aisément descrire, & representer ladite tour. Mais
il est beaucoup plus facile & aisé, de rapporter lesdites tours par le moyen du prolongement des courtines, ou bien des cordes d'icelles tours, auec leurs
perpend. comme on peut veoir es trois tours GHI,
KLM, & NOP.

Prop. 46.
Comme il faut traßer sur la terre telle figure
qu'on voudra.

COmbien qu'il soit fort difficile de prendre &
rapporter au petit pied le plan d'vne place, &
encore plus d'en traßer sur la terre, vne dont le plan
soit donné sur le papier, neantmoins comme à la preced. prop. nous auons enseigné à faire celuy-là, aussi

enseignerons nous icy à faire cestuy-cy : Pour ce faire, il faut premierement que tous les angles de la figure proposee soient cogneus, comme aussi les costez, & les diagonales pour s'en seruir, si la scituation
du lieu ou l'on veut traffer ladicte figure proposee le
permet. Soit donc proposé à traffer sur la terre vne
place semblable au pentagone ABCDE, duquel
chasque costé est de 100 toises, le semidiametre peu
moins de 85 $\frac{1}{16}$, & la diagonale presque 162; chasque
angle du centre F de 72 degr. chasque angle de la
circonference, comme BAE de 108 deg. & par con-
sequent leurs moities, comme FAE de 54, & chasque angle compris du
costé, & de la diago-
nale, comme ABE de
36 degrez. Premiere-
ment si le lieu où l'on
veut traffer ledit plan
est tellement vuide &
plat, qu'en iceluy on
puisse choisir le cen-
tre dudict plan, & à
iceluy poser vn piquet
auquel soient attachez deux cordes de la grandeur
du semidiametre donné, sçauoir est de 85 toises $\frac{1}{16}$ lesquelles cordes soient tirees & estenduës par deux
hommes, qui en tiennent encore vne autre de la
grandeur du costé de la figure, sçauoir est de 100 toises, tellement que ces trois cordes estans entiere-
ment estenduës, elles formeront le triangle AFE,
qui sera marqué par deux autres piquets plantez és
poincts A & E : & faisant ainsi de triangle en triangle,
on aura finalement tous les poincts des angles de la
figure proposee à traffer : & pour iustifier s'ils sont

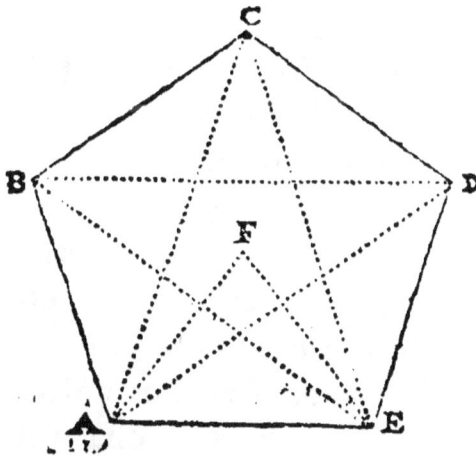

exactement marquez, il faudroit prendre vne corde
de la grandeur de l'vne des diagonales, ſçauoir eſt de
162 toiſes, & veoir ſi elle correſpond à chaſque diſtances AC, AD, BE, & EC : car autrement leſdits
poincts ne ſeroient bien & exactement marquez.
Mais d'autant qu'il eſt mal aiſé de marquer ainſi leſdits poincts, à cauſe que les cordes changent iour-
nellement de longueur, ſelon la variation du temps,
il eſt plus certain de ſe ſeruir de l'inſtrument ou
compas, lequel eſtant poſé audit centre F, à iceluy
ſoit faict l'angle AFE de 72 degrez, & auec vne cheſ-
ne de fer, ou vn baſton d'vne toiſe de long, ſoit meſuré ſelon chaſque rayon viſuel FA, FE, la grandeur
de 85 toiſes $\frac{7}{16}$: ce faict, les poincts A & E doiuent
eſtre diſtant de 100 toiſes, & chaſque angle EAF,
AEF de 54 degrez, autrement leſdits poincts A & E
ne ſeroient bien diſpoſez. Les autres poincts B, C, D,
feront marquez en la meſme façon, faiſant touſiours
vn angle de 72 degrez ſur l'vn des rayons ou ſemi-
diametres ja marquez. Et pour iuſtifier ſi le tout eſt
exactement traſſé, il faudra meſurer les diagonales;
ou bien veoir ſi châque angle fait par l'vn des coſtez
& diagonale eſt de 36 degrez, & celuy de chaſque
poinct A, B, C, D, E de 108. Mais le plus ſouuent, il
aduient qu'on ne ſe peut poſer au centre de la place
qu'on veut traſſer à raiſon de quelque baſtiment, ri-
uiere, mareſts ou autres empeſchemens : Ce qu'ad-
uenant, il faut commencer à vn des angles, comme
en A, auquel poinct ſoit poſé le compas ſur ſon pied,
iceluy eſtant ouuert d'vn angle égal à celuy que doit
auoir ledit angle A, ſçauoir eſt de 108 degrez, & ſelon les rayons viſuels de l'vne & l'autre jambe, ſoient
meſurez les coſtez AB & AE chacun de 100 toiſes;
quoy faict, il faudra que la diagonale BE ſoit de 162

88 VSAGE DV COMPAS

toifes, & l'angle ABE de 36 deg. Eſtant poſé vn piquet en A & E, tranſportez l'inſtrument en B, ouuert comme en A (à cauſe que l'angle B doit eſtre
égal à l'angle A, car autrement il faudroit d'angle en
angle ouurir le compas d'vn angle égal à celuy qu'on
doit faire.) & ayant diſpoſé l'vne des jambes ſelon
BA, meſurez ſelon le rayon de l'autre jambe la quantité que doit auoir BC, ſçauoir eſt 100 toiſes, & lors
la diagonale AC eſtant meſuree, elle doit eſtre trouuee de 162 toiſes, ſinon il y a erreur: & ainſi faut-il
continuer d'angle en angle iuſques à ce que tous les
angles de la figure propoſee ſoient traſſez.

Soit encore propoſé à traſſer vne fortereſſe, ou
partie d'icelle, comme pour exemple, deux demy
baſtions ou tenailles d'vn hexagone. Auparauant
que pouuoir traſſer vne fortereſſe ſur la terre elle
doit eſtre faicte ſur le papier, & tous les angles, &
quantitez des lignes d'icelles exactement trouuez:
Quoy faict on viendra ſur le champ, auquel on vent
traſſer icelle fortification, ou ſera pris le centre, s'il
eſt poſſible, afin de trouuer les poincts des angles
flanquez ou poinctes des baſtions, ainſi qu'il a eſté
dict en l'exemple precedent; car iceux poincts eſtans
exactement marquez, le reſte ne ſera fort difficile,
ce que nous dirons icy eſtant bien entendu. Suppo-
ſé donc que la ſcituation du lieu ne permette de
commencer au centre, ou bien qu'il ſoit neceſſaire
pour quelque occaſion de commencer à la poincte
du baſton A; nous poſerons audit lieu, le compas ſur
ſon pied, iceluy eſtant ouuert d'vn angle de 15 degrez, afin de faire l'angle BAC, d'autant qu'il eſt en
l'hexagone; & ſur AC ſoit meſuree la ligne de deffen-
ce AG de 100 toiſes, & pris AB de 130½, autant que
doit eſtre la diſtance des poinctes des baſtions: & ſi

on prend la toute AC de 116⅔, il faudra que BC
soit presque de 35 toises, sinon l'angle BAC ne sera
bien pris. On pourroit par apres, prendre l'angle
BAD de 60 degrez, pour lequel iustifier, il faut que

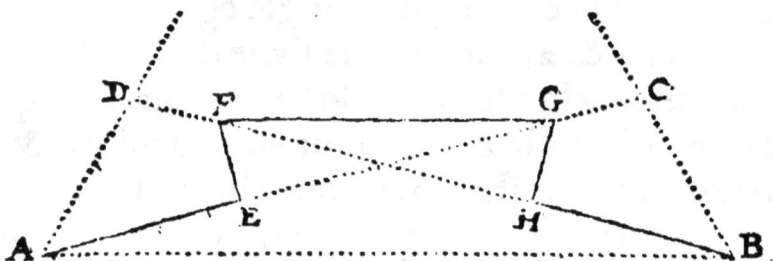

ayant pris AD égal à BC, la distance BD, soit aussi
égale à AC, sinon on a failly. Il faut puis apres prendre DF égale à GC ; quoy faict, la distance FG, (qui
est la courtine) se doit trouuer de 61 toises ⅔. Ne reste donc plus qu'a marquer les pans & flancs des bastions ; & pour ce faire, sur AG, soit pris AE de 39
toises ⅔, & BH d'autant: Ce faict FE, & GH doiuent
estre chacun de 16 toises ⅔, & à angles droicts sur
AG, BF, autrement lesdits poincts E, F, G & H, ne
seroient deuëment posez. Voila donc les deux demy
bastions AEF GHB traffez sur la terre selon les angles & mesures des lignes de l'hexagone, par six piquets ou perches plantees és poincts, A, E, F, G, H, B:
& quant aux autres picquets des poincts D & C, ils
doiuent estre ostez.

Or l'on pourroit bien plus promptement que dessus traffer lesdicts deux demy bastions, mais auec
moins de certitude, ainsi qu'il ensuit : Ayant posé vn
piquet en A, soit pris AE de 39 toises ⅔; puis le compas de prop. estant à angle droict, & posé en E, tellement que l'vne des jambes s'accorde directement
sur EA, & l'autre aille vers F, soit pris EF de 16 toises ⅔: & ayant posé vn piquet en E, soit transporté

ledit compas en F, & difposé en forte qu'eftant ouuert de 75 degrez, l'vne des jambes conuienne fur
FE, & l'autre aille directement vers G : puis ayant
pris FG de 62 toifes ⅗, foit laiffé vn piquet en F, &
tranfportez le compas ouuert comme deffus en G,
(lequel doit eftre en ligne droicte auec les deux piquets E & A, s'il n'y a erreur) ou ayant difpofé l'vne
des jambes felon GF; au long de l'autre, foit pris GH
égale à FE : & ayant planté vn piquet en H, reculez
directement felon FH, iufques à ce que HB, foit
égale à AE; & lors AB deura eftre de 130 toifes ½.
Maintenant qui voudroit continuer & paracheuer
la place, il faudroit ouurir le compas à angle droict,
& le pofer en B de forte que l'vne des jambes cor-
refponde fur BH, & felon l'autre jambe prendre vne
quantité égale à BH ; & reiterant tant de fois que
befoin fera toutes les chofes faictes pour venir de
AE au poinct B, on paruiendra derechef au poinct A,
où l'on auoit commencé.

Or d'autant que nous nous fommes propofé de
traicter à préfent des operations du compas de proportion les plus vtiles ; & delaiffer les autres moins
neceffaires iufques à vne autre fois que nous aurons
plus de commodité, nous prions le lecteur de fe contenter de ce que nous auons enfeigné cy-deffus, iufques à ce que le temps nous permette de dire le refte, qu'il pourra veoir neantmoins en noftre traicté
des triangles fpheriques ; en la traduction que nous
auons faicte de l'vfage des Globes mis en lumiere
par Robert Hues Anglois ; & en noftre Cofmogra-
phie que nous efperons mettre bien-toft en lumiere
au fecond volume de nos memoirs Mathematiques.

F I N.

TABLE

DES PRINCIPALES

PROPOSITIONS DE

CE TRAICTÉ.

AYANT *enseigné au commencement du liure la construction & fabrique du compas de proportion, est traicté puis apres de l'usage d'iceluy selon l'ordre des propositions suiuantes.*

www.ingramcontent.com/pod-product-compliance
Lightning Source LLC
Chambersburg PA
CBHW071104210326
41519CB00020B/6155